21 世纪高职高专系列教材

CorelDRAW X4 平面设计教程

主　编　邹利华

副主编　李淑飞　叶裴雷　邓　超

参　编　刘丽萍

机械工业出版社

本书依托企业典型项目，对 CorelDRAW 知识及应用作了全面的讲解，使读者不仅能熟悉 CorelDRAW 各种工具的用法，而且能综合利用 CorelDRAW 制作各类平面作品。书中各个项目都是经典案例，能激发读者的学习热情。

本书由 14 个项目构成，各个项目又由多个任务构成，内容分为两部分，第 1 部分以 6 个项目案例的形式介绍了 CorelDRAW 的基本操作，依次为初识 CorelDRAW、CorelDRAW 图形绘制、CorelDRAW 图形填充、CorelDRAW 图形编辑与组织、CorelDRAW 交互特效与文本工具、CorelDRAW 印刷知识，使读者对 CorelDRAW 有全面的认识。第 2 部分以 8 个综合项目的形式介绍了 CorelDRAW 在各个领域中的应用，依次为标志设计、字体设计、名片设计、平面广告设计、CD 装帧设计、折页设计、包装设计和 VI 设计等，以各类综合设计项目来提高读者综合应用 CorelDRAW 的能力。

本书可作为高职高专计算机及相关专业教材，也可作为平面设计和 CorelDRAW 图形绘制培训班的教材，还可作为平面设计爱好者的自学参考书。

本书免费提供电子课件和素材，需要的教师可登录 www.cmpedu.com 免费注册、审核通过后下载，或联系编辑索取（QQ：1239258369，电话：010-88379739）。

图书在版编目（CIP）数据

CorelDRAW X4 平面设计教程 / 邹利华主编. —北京：机械工业出版社，2013.8（2023.2 重印）

21 世纪高职高专系列教材

ISBN 978-7-111-43577-8

Ⅰ．①C⋯　Ⅱ．①邹⋯　Ⅲ．①平面设计—图形软件—高等职业教育—教材　Ⅳ．①TP391.41

中国版本图书馆 CIP 数据核字（2013）第 179357 号

机械工业出版社（北京市百万庄大街 22 号　邮政编码 100037）
责任编辑：鹿　征
责任印制：郜　敏

北京盛通商印快线网络科技有限公司印刷

2023 年 2 月第 1 版·第 7 次印刷

184mm×260mm·19.25 印张·477 千字

标准书号：ISBN 978-7-111-43577-8

定价：59.00 元

电话服务　　　　　　　　　　网络服务

客服电话：010-88361066　　　机　工　官　网：www.cmpbook.com
　　　　　010-88379833　　　机　工　官　博：weibo.com/cmp1952
　　　　　010-68326294　　　金　书　网：www.golden-book.com

封底无防伪标均为盗版　　　机工教育服务网：www.cmpedu.com

前　言

　　CorelDRAW 是一款非常优秀的矢量图形绘制软件，广泛地应用于平面广告设计、VI 设计、服装设计、杂志排版和多媒体等领域。

　　本书融合先进的教学理念，区别于传统的同类书籍，主要采用项目化的形式来组织教学内容，和企业共同开发实际工作中的典型项目，将工作中常用的理论知识、技能融合到项目的任务中，从而避免枯燥地讲解理论知识，注重对读者动手能力的培养。在内容上力求循序渐进、学以致用，通过任务让读者去掌握理论知识，通过案例拓展去巩固知识，从而达到举一反三的目的，增强读者自主学习的能力。

　　本书共由 14 个项目构成，内容分为两部分，第 1 部分以 6 个项目案例的形式介绍了 CorelDRAW 的基本操作，使读者对 CorelDRAW 有全面的认识；第 2 部分以 8 个综合项目的形式介绍了 CorelDRAW 在各个领域中的应用，以各类综合设计项目来提高读者综合应用 CorelDRAW 的能力。

　　本书的编者均为"双师型"教师，长期从事图形图像类软件的教学和研究，有着丰富的高职教学经验，能将软件应用和艺术设计巧妙结合，能从学习者的角度把握教材编写的脉络，将实际教学中的"项目教学法"融入到本书的编写中，满足各类读者的需求。

　　本书项目 1、6、7、9 由东莞职业技术学院邹利华编写；项目 2、3、12、14 由东莞职业技术学院李淑飞编写；项目 4、8、10、11、13 由广东白云学院叶裴雷编写；项目 5 中的任务 1、任务 2 由东莞职业技术学院刘丽萍编写；项目 5 中的任务 3、任务 4 由广东科技学院邓超编写。以上典型综合案例是与两家企业（东莞市铭丰包装品制造有限公司、东莞唯特尔电子商务有限公司）共同开发的。

　　由于编者水平有限，书中难免疏漏之处，恳请广大读者批评指正。

编　者

目　　录

第 1 部分　CorelDRAW 基本操作

第┃部分

CorelDRAW 基本操作

项 **1** 目

初识 CorelDRAW

教学目标

◇ 熟练掌握 CorelDRAW 的应用领域。
◇ 掌握 CorelDRAW 的工作界面。
◇ 掌握矢量图与位图的区别。
◇ 掌握常用的色彩模式。
◇ 掌握 CorelDRAW 的文件与页面的操作。
◇ 掌握显示控制与辅助工具的使用方法。

任务 1　图案设计

1.1.1　案例效果

本案例学习图案的设计方法，图案效果如图 1-1 所示。

图 1-1　图案效果

1.1.2　案例分析

本案例是本书的第一个案例，操作非常简单，但效果非常好。本案例是通过导入一个 psd 文件，然后对此图案进行复制并旋转 5 个，得到一个非常漂亮的图案。

1.1.3　相关知识

1.1.3.1　CorelDRAW 的应用领域

CorelDRAW X4 是一款由世界顶尖软件公司之一的 Corel 公司开发的平面设计软件。CorelDRAW X4 非凡的图形设计与制作能力广泛地应用于商标设计、模型绘制、插图描画、排版及分色输出等诸多领域。

CorelDRAW X4 主要应用在如下领域：

（1）营销文宣。无论是对于初级或专业级设计师，CorelDRAW 都是理想的工具，从标志、产品与企业品牌的识别图样，乃至于宣传手册、平面广告与电子报刊等特定项目，CorelDRAW 都能自行建立宣传文宣大小，设计宣传活动数据，这样既能节省时间、成本，更能展现高度创意。

（2）招牌制作。CorelDRAW 具有建立各式各样招牌所需的功能，是招牌制作人员首选的图形软件包之一。

（3）服饰。CorelDRAW 是服饰业的理想解决方案之一，具有多种强大的工具和功能，能够协助建立服饰设计，深受设计师与打版师的欢迎。目前越来越多的服装设计公司采用 CorelDRAW 作为打样和设计的首选软件。

（4）雕刻与计算机割字。CorelDRAW 是雕刻和奖杯、奖牌制作与计算机割字等业界首选的绘图解决方案。CorelDRAW 由于其易用性、兼容性与价值性，使之一直是业界专业人员的最爱。

1.1.3.2 CorelDRAW 的工作界面

CorelDRAW X4 工作界面十分整齐，如图 1-2 所示。

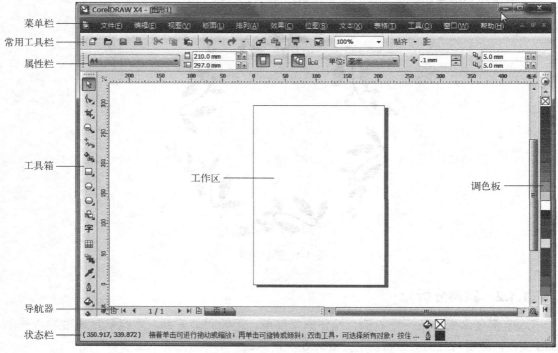

图 1-2 工作界面

（1）菜单栏。CorelDRAW X4 的主要功能都可以通过执行菜单栏中的命令选项来完成，执行菜单命令是最基本的操作方式。

（2）常用工具栏。在该工具栏上放置了最常用的一些功能按钮。

（3）属性栏。属性栏提供在操作中选择对象和使用工具时的相关属性；通过对属性栏中的相关属性的设置，可以控制对象产生相应的属性变化。当没有选中任何对象时，系统默认的属性栏则提供文档的一些版面布局信息。

（4）工具箱。系统默认时位于工作区的左边。工具箱中放置了常用的编辑工具，并将功能相似的工具以展开的方式归类组合在一起，从而使操作更加灵活便捷。

（5）状态栏。在状态栏中将显示当前工作状态的相关信息，如被选中对象的简要属性、工具使用状态提示及鼠标坐标位置等信息。

（6）导航器。导航器显示的是文件当前活动页面的页码和总页码，可以通过单击页面选项卡或箭头来选择需要的页面，适用于进行多文档操作时。

（7）工作区。工作区又称为"桌面"，是指绘图页面以外的区域。

（8）调色板。调色板系统默认时位于工作区的右边，利用调色板可以快速地选择轮廓色和填充色。

1.1.3.3 矢量图与位图

1. 矢量图

矢量图的形状是通过轮廓线条来定义的，而其颜色由轮廓线条及其围成的封闭区域内的填充色来决定。

矢量图有两个优点：一是矢量图是面向对象的。每个图形元素都是一个对象，每个对象都是独立的，因此用户可以直接选择、编辑各个对象，也可以直接编辑图形的轮廓或填充；二是矢量图与分辨率无关，因此矢量图可以任意缩放，不用担心丢失细节而失真。

矢量图也有其缺点：矢量图不能构建非常复杂的图形，尤其是有复杂色调和阴影的图形，如照片或艺术绘画等。

常用的矢量图绘制软件有：Adobe Illustrator、Freehand、CorelDRAW、AutoCAD。常见的矢量图文件扩展名有：.cdr，.ai，.dwg 等。

2. 位图

位图是通过一个个点组成的，这些点称为像素。位图是通过每个像素记录其位置和色彩来表现图像的。

由于位图采取了点阵的方式，因而可以精确地表现色彩丰富的图像，如照片、艺术绘画等，但图像的色彩越丰富，图像的像素就越多（即分辨率越高），文件也就越大。同时位图在缩放和旋转变形时会产生失真的现象。

常用的位图处理软件有：Adobe Photoshop。常见的位图文件扩展名有：.jpg，.gif，.bmp 等。

1.1.3.4 常见的色彩模式

色彩模式是把色彩用数据来表示的一种方法。CorelDRAW X4 提供了多种色彩模式，经常使用的有 RGB 模式、CMYK 模式、灰度模式。

这些模式都可以在"位图/模式"命令下选取，每种色彩模式都有不同的色域（范围），用户可以根据需要选择合适的模式，并且各个模式之间可以相互转换。

RGB 模式：RGB 模式是工作中使用最广泛的一种色彩模式，如果图形最后不是用于打印而是计算机使用，最终用显示器来呈现的，一般使用 RGB 模式，比如网页上的图片等。

RGB 模式是一种加色模式，它通过红、绿、蓝 3 种色彩相叠加而形成更多的颜色，比如红加绿生成黄色等。3 种色彩都分别有 256 个亮度水平级，即 0~255 的亮度值范围，那么 3 种色彩叠加，可以有 256×256×256=16777216 种可能的颜色，这 1670 多万种色彩足以表现丰富多彩的图片。

CMYK 模式：如果绘制的图形要用于印刷，那就要选用 CMYK 模式。CMYK 模式在印刷时应用了色彩中的减法混合原理，它通过反射某些颜色的光吸收另外一些颜色的光，来产生不同的颜色，是一种减色色彩模式。

CMYK 代表了印刷上用的 4 种油墨色：C 代表青色，M 代表洋红色，Y 代表黄色，K 代表黑色。大家会发现，喷墨打印机上的 4 个墨盒的颜色就是 C、M、Y、K。

CorelDRAW X4 默认情况下使用的就是 CMYK 模式。

灰度模式：灰度模式没有颜色信息，只有亮度信息，亮度范围为 0~255，也就是 256 种层级。如果要制作常见的黑白照片就可以使用灰度模式。

1.1.3.5 文件操作

1. 新建文件

在 CorelDRAW X4 中可以选择"文件"→"新建"命令直接创建文件，或者按【Ctrl+N】

组合键。

2．打开文件

可以选择"文件"→"打开"命令直接打开所需要的文件，或者按【Ctrl+O】组合键。

3．保存文件

可以选择"文件"→"保存"命令保存当前文件，或者按【Ctrl+S】组合键，同时也可以选择"文件"→"另存为"命令。CorelDRAW X4 默认保存的文件类型是 CDR。

4．导入文件

在 CorelDRAW X4 中，有些文件不能直接打开（如图片格式文件），如果想要得到这些格式的对象，就需要使用"文件"→"导入"命令将其导入，如图片格式.jpg，.psd 格式等。

5．导出文件

在 CorelDRAW X4 中绘制的图形，可以导出为多种其他格式的文件，以便在其他软件中对该图形进行编辑处理，达到更好的共享效果。选择"文件"→"导出"命令后，在弹出的"导出"对话框中选择一种保存类型，系统根据用户选择的不同保存类型弹出不同的设置对话框进行设置。CorelDRAW X4 常用的导出文件格式如下。

AI 格式：该格式的文件是可以在 Photoshop、Illustrator 等软件中使用的矢量图文件格式。

JPG 格式：.JPG 格式是在网络中常用的图片格式。

PSD 格式：.PSD 格式 Photoshop 中包含图层的专用文件格式，导出后在 Photoshop 中打开文件，图层会各自独立存在。

TIF 格式：TIF 格式是选项卡图像格式，适合在多种软件中打开或置入的格式。TIF 格式非常适合于印刷和输出。

EPS 格式：EPS 格式是 Photoshop 和 Illustrator 之间可交换的文件格式。

1.1.3.6 页面操作

当在 CorelDRAW X4 默认的页面设置不符合要求时，可以直接在属性栏中进行设置，如图 1-3 所示。也可以通过选择菜单栏中的"版面"→"页面设置"命令，在弹出的"选项"对话框中设置。

图 1-3　页面设置属性栏

在 CorelDRAW X4 中允许创建多页文档，可以对多页文档进行修改编辑。当用户处理多页文档时，使用"页面控制栏"可以快速查看其他页面内容。要对文档中的某一页进行编辑，必须先选中该页，将其设为当前页，用户做的所有操作都是针对当前页的，如图 1-4 所示，用鼠标右键单击页面，在弹出的菜单中可以进行插入页面、删除页面和重命名页面等操作。

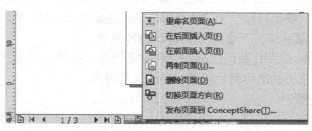

图 1-4　页面控制菜单

1.1.3.7 绘图辅助工具

1．视图方式

CorelDRAW X4 在"视图"菜单中提供了 6 种视图显示方式，分别是"简单线框"、"线框"、"草稿"、"正常"、"增强"和"使用叠印增强"。每种视图显示质量对应的屏幕显示效果都不同。

"简单线框"模式：只显示图形对象的轮廓，不显示绘图中的填充、立体化设置和中间调形状。使用这种视图显示质量可显示单色位图图像。

"线框"模式：只显示立体透视图、调和形状和单色位图等，不显示填充效果。

"草稿"模式：显示标准填充和低分辨率的位图，此模式用特定的样式表明填充的内容。

"正常"模式：是最常用的视图显示质量，它可以显示除 PostScript 填充外的所有填充以及高分辨率的位图。它既能保证图形的显示质量，又可以提高显示刷新的速度。

"增强"模式：以最好的视图质量显示，在这种模式下才可以显示 PostScript 填充，也最接近实际图形的颜色。

"使用叠印增强"模式：用这种方式来显示当前的图像，可以美化现在的效果，使其更融合，让设计者更有信心去出片印刷。

2．辅助工具

辅助设置可以让用户更顺手、更方便快速地创作自己的作品，如"标尺"、"网络"、"辅助线"等工具。在菜单"视图"子菜单中有显示/隐藏"标尺"、"网络"和"辅助线"等辅助选项，如图 1-5 所示。

图 1-5 视图菜单

1.1.4 案例实现

操作步骤

01 打开 CorelDRAW X4 软件，新建一个空白文档，保存为"图案.cdr"。

02 选择"文件"→"导入"命令，导入素材"自由变换.psd"文件。

03 用鼠标双击导入的图案，将图案的中心点移至图案的下方，如图 1-6 所示。

图 1-6 图案

04 选择"排列"→"变换"→"旋转"命令，打开旋转变换面板，如图 1-7 所示。在角度文本框中输入 60.0 度，其他不用设置，然后单击"应用到再制"按钮 5 次，得到图 1-8 所示的效果。

图 1-7　变换面板　　　　　　　　图 1-8　最终效果

◇ 利用"挑选"工具 双击对象可以选择对象、旋转对象和移动中心点。
◇ 图片格式不能直接打开，需要通过导入。

1.1.5　案例拓展

绘制立体齿轮，效果如图 1-9 所示。

01 打开 CorelDRAW X4 软件，新建一空白文档，保存为"齿轮.cdr"。

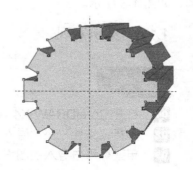

图 1-9　立体齿轮

02 选择"视图"→"贴齐辅助线"和"视图"→"贴齐对象"，然后从文档的标尺处拖出两条辅助线。

03 按住【Ctrl+Shift】组合键，选择工具箱中的"椭圆"工具 从两辅助线的交点处拖出一个正圆。

04 选择"矩形"工具在正圆的上边绘制一矩形并双击矩形，把矩形的中心点移至正圆的中点，如图 1-10 所示。选择"排列"→"变换"→"旋转"命令，打开旋转变换面板，在角度文本框中输入 30.0 度，其他不用设置，然后单击"应用到再制"按钮若干次，得到图 1-11 所示的效果。

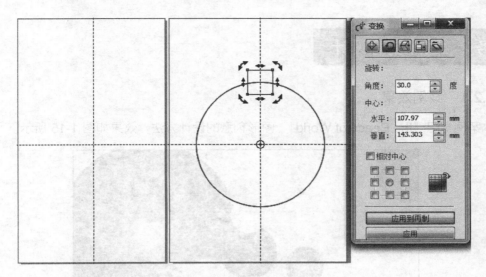

图 1-10 变换

05 用选择工具把所有图形全部选中，再选择"排列"→"造型"→"焊接"命令，图形焊接成齿轮，如图 1-12 所示。单击调色板的黄色，给齿轮填充上黄色。

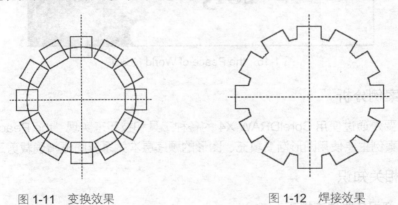

图 1-11 变换效果 图 1-12 焊接效果

06 选择"交互式立体化"工具拖出立体化齿轮，同时给立体化齿轮选择颜色，如图 1-13 和图 1-14 所示。

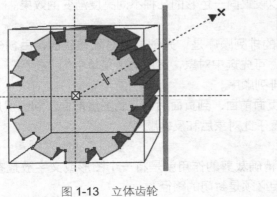

图 1-13 立体齿轮 图 1-14 颜色设置

任务 2　图形创意设计

1.2.1　案例效果

本案例学习"the Peace of World"　图形创意的设计方法，效果如图 **1-15** 所示。

图 1-15　the Peace of World 的效果

1.2.2　案例分析

本案例主要是通过使用 CorelDRAW X4 的各种工具和技巧来实现"the Peace of World"图形创意。该案例主要使用图形渐变填充、图形的顺序层次关系及图框精确裁剪工具。

1.2.3　相关知识

1.2.3.1　初识色彩填充技巧

选择要填充的对象，单击调色板中的颜色即可给图形填上单色，用鼠标右键单击调色板上的颜色可以填充边框的颜色。对准调色板中的█单击鼠标右键可删除边框线。

使用渐变填充中的步长，可以设置同一色彩的几种不同亮度渐变的效果。

1.2.3.2　初识图形顺序

在 CorelDRAW X4 中对象的排列顺序是：先创建的对象在底层，后创建的对象在顶层。如果要改变对象的层叠顺序，可先选中对象，然后选择菜单中的"排列"→"顺序"命令，可选择其中一种改变图形的排列顺序。

改变对象顺序的方式有：到页面前面、到页面后面、到图层前面、到图层后面、向前一层、向后一层、置于此对象前、置于此对象后和反转顺序。

1.2.3.3　初识图框精确裁剪

在 CorelDRAW X4 中图框精确裁剪的作用就是将一个图形或文字放置在另一个容器中。该容器可以是图形、文字，但必须是封闭的路径。

以上的相关知识在后面的项目中会有更详细的介绍。

1.2.4 案例实现

01　打开 CorelDRAW X4 软件，新建一空白文档，保存为"peace.cdr"。

02　在页面属性栏中设置纸张为横向 A4 纸，如图 1-16 所示。

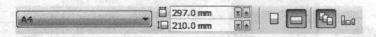

图 1-16　页面设置

03　用鼠标双击工具箱中的"矩形"工具，得到和纸张大小一致的矩形，填充为白色。

04　在工具箱中选择"椭圆"工具，按住【Ctrl+Shift】组合键绘制一个正圆，然后在工具箱中选择"渐变填充"工具，如图 1-17 所示。在弹出的渐变填充面板（如图 1-18 所示）中设置白色到蓝色的双色射线渐变，并将步长的锁解开，输入 7，同时对准调色板中的☒单击鼠标右键去删正圆的边框线，得到图 1-19 所示的结果。

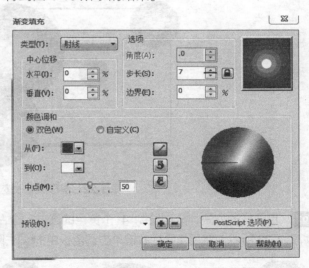

图 1-17　填充　　　　　　　　　　　图 1-18　渐变填充面板

图 1-19　渐变填充效果图

05 按【Ctrl+D】组合键复制出其他 3 个正圆，分别对正圆进行缩小并按图 1-20 如示的位置进行布置。

06 在页面的右上角绘制一个紫色正圆，并对此正圆单击鼠标右键，在弹出的菜单图 1-21 所示中选择"顺序"→"到图层后面"，这时紫色圆就被置于渐变正圆的后面，如图 1-22 所示。

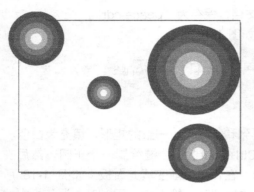

图 1-20　渐变正圆的绘制

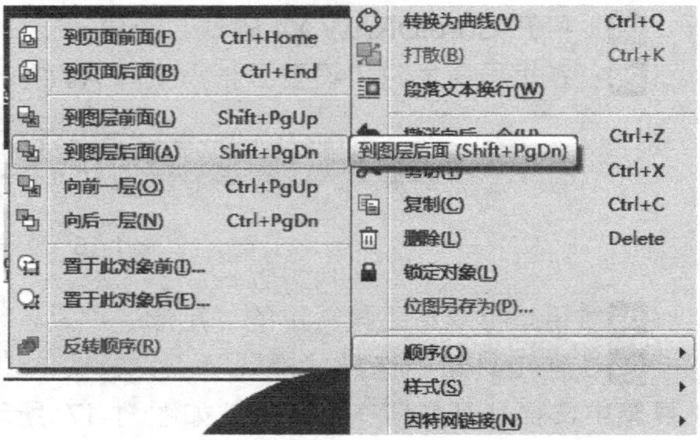

图 1-21　改变图形顺序菜单

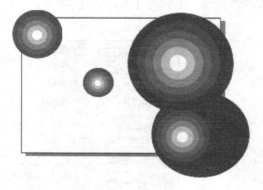

图 1-22　图形顺序改变

07 用同样的办法，分别绘制 4 个黄色的圆，3 个白色圆，1 个紫色圆分别放在不同的位置，如图 1-23 所示。然后用鼠标右键单击调色板中的☒去除各圆的线框，效果如图 1-24 所示。

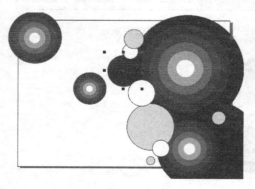

图 1-23　图形构造

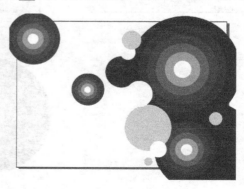

图 1-24　去边框效果

08　在图 1-25 所示的位置使用"贝塞尔曲线"工具 ✎ 绘制两个三角形，然后将其线框删除。因为都是白色，得到白鸽的嘴，效果如图 1-26 所示。在平面软件中经常会用同色的各种图形组合成新的图形。

图 1-25　三角形绘制　　　　　　　　　　　　　　图 1-26　去除线框

09　用选择工具将除最大的矩形外的所有图形选中，按【Ctrl+G】组合键组合在一起，选择菜单"效果"→"图框精确剪裁"→"放置在容器中"命令，如图 1-27 所示。光标变为大黑箭头，在矩形上单击可将所有图形都置入矩形中。

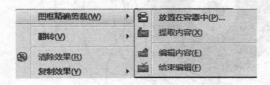

图 1-27　图框精确剪裁菜单

10　选择工具箱中的"文字"工具，输入文字"the Peace of World"和"2013"，设置文字的字体分别为"Gabriola"和"Constantia"。最后效果如图 1-28 所示。

图 1-28　最后效果图

（1）按住鼠标左键拖动图形，单击鼠标右键释放可以复制图形。
（2）复杂图形可以由各种简单图形拼合而成，特别是利用同颜色的图形进行拼合。

1.2.5　案例拓展

设计并绘制创意图案 "NetWork"。效果如图 1-29 所示。

图 1-29　NetWork 创意效果图

操作提示

01 打开 CorelDRAW X4 软件，新建一个空白文档，保存为 "network.cdr"。

02 使用 "贝塞尔曲线" 工具 随意绘制几段曲线，并填充不同的颜色。

03 绘制 5 个同心圆，分别为绿色、蓝色、橙色、白色和紫色；再使用 "贝塞尔曲线" 工具 绘制一个橙色三角形。

04 使用 "文字" 工具输入 "NetWork"，设置字体为 "Comic Sans MS"。

项2目

CorelDRAW 图形绘制

教学目标

✧ 熟练掌握"矩形"工具的使用。
✧ 熟练掌握"椭圆"工具的使用。
✧ 熟练掌握"多边形与星形"工具的使用。
✧ 熟练掌握"贝塞尔"与"钢笔"工具的使用。
✧ 掌握图纸和螺旋线工具的使用。
✧ 掌握智能绘图工具的使用。
✧ 掌握基本形状的绘制。
✧ 掌握图形的复制方法。
✧ 熟悉图形的均匀填充和渐变填充。

任务 1　音箱设计

2.1.1　案例效果

本案例学习音箱的设计方法，音箱效果如图 **2-1** 所示。

2.1.2　案例分析

图 2-1　音箱

通过对音箱效果图的分析，该案例中主要利用"矩形"工具绘制音箱外形，利用"椭圆"工具绘制音箱传声器（喇叭），通过填充不同的颜色来达到一种立体效果。

2.1.3　相关知识

2.1.3.1　"矩形"工具

利用"矩形"工具▢（快捷键【F6】）和"3 点矩形"工具▨，可以绘制出矩形、圆角矩形和任意倾斜角度的矩形。

1．矩形的绘制方法

（1）直接拖动鼠标绘制矩形。

✧ 选择工具箱中的"矩形"工具▢，在绘图页面中按住鼠标左键不放，拖曳鼠标左键到需要的位置后松开鼠标，完成矩形的绘制。

✧ 选择"矩形"工具▢展开工具栏中的"3 点矩形"工具▨，在绘图页面中按住鼠标左键不放，拖曳鼠标到需要的位置后松开鼠标，移动鼠标到需要的位置，确定矩形的另一边后单击鼠标左键完成绘制。

（2）用鼠标双击"矩形"工具▢，绘制出与绘图页面等大的矩形。

2．"矩形"工具的属性栏

选择"挑选"工具▨（按空格键可以快速切换到"挑选"工具），单击选定所绘制的矩形，此时"矩形"工具的属性栏如图 **2-2** 所示。

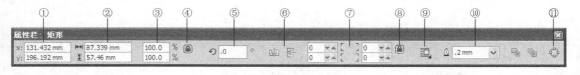

图 2-2　"矩形"工具属性栏

① 设置矩形的（x, y）坐标。（0，0）点在绘图页面的左下角。

② 设置矩形的宽度和高度值。

③ 设置矩形的宽度百分比和高度百分比。

④ 高宽锁定按钮。单击该按钮，则锁定宽高比。即设置矩形宽度，高度会随之变化，设置高度，宽度也随之变化。再次单击该按钮取消选定，则可任意设置矩形的宽度和高度。

⑤ 输入矩形旋转的角度。

⑥ 对矩形进行水平、垂直镜像。

⑦ 设置矩形 4 个角的圆角的大小。

⑧ 圆角锁定按钮。单击该按钮，则矩形的 4 个角同时设置相同圆角大小；取消则可设置矩形单个圆角的大小。

⑨ 图文环绕方式。设置矩形和文本的环绕方式。

⑩ 矩形轮廓的粗细。

⑪ 将矩形转换为曲线，以便对矩形进一步编辑、修改形状。其前两个按钮是针对有多个对象时，将所选对象移到图层前面或后面。

3．圆角矩形的绘制方法

（1）利用属性栏绘制圆角矩形。

在绘图页面先绘制一个矩形，选定矩形后，按下属性栏中的"全部圆角"按钮，然后在该按钮左边的文本框中输入或选择圆角值。

（2）绘制矩形后，利用"形状"工具（快捷键【F10】）调整 4 个节点，调整矩形圆角的大小。

4．任意角度矩形的绘制方法

利用"3 点矩形"工具绘制任意角度矩形，或绘制矩形后，再次单击矩形并旋转复制。

选择"矩形"工具，按【Ctrl】键绘制正方形，按【Shift】键以起始点为中心点绘制矩形，按【Ctrl+Shift】组合键以起始点为中心点绘制正方形。

2.1.3.2　"椭圆形"工具

利用"椭圆形"工具（快捷键【F7】）和"3 点椭圆形"工具，可以绘制出椭圆形、饼形、弧线、正圆形以及任意倾斜角度的椭圆形。

1．椭圆的绘制方法

绘制方法同"矩形"工具和"3 点矩形"工具。

2．"椭圆形"工具的属性栏

大部分属性同"矩形"工具的属性栏，如图 2-3 所示。

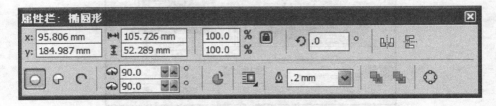

图 2-3　"椭圆形"工具属性栏

在属性栏中单击"饼形"按钮，绘制饼形，在右边的文本框中可以输入或选择饼形的角度大小。在属性栏中单击"弧形"按钮，绘制弧形，在右边的文本框中可以输入或选择起始和结束角度。在属性栏中单击，可以将饼形或弧形进行 180° 的镜像。

椭圆形在选中状态下，在椭圆形属性栏中，单击"饼形"按钮 ⊙ 和"弧形"按钮 ⊙ ，可以使图形在饼形和弧形之间转换。

❖ 选择"椭圆形"工具按【Ctrl】键绘制正圆，按【Shift】键以起始点为中心点绘制椭圆形，按【Ctrl+Shift】组合键以起始点为中心点绘制正圆。
❖ 绘制椭圆后，利用"形状"工具 👆 ，向椭圆内拖曳并移动轮廓上的节点，椭圆变成饼形，向椭圆外拖曳轮廓上的节点，椭圆变成弧形。

2.1.4 案例实现

操作步骤

01 打开 CorelDRAW 软件，新建一空白文档，保存为"音箱.cdr"。双击"矩形"工具，绘制一个与绘图页面等大的矩形。

02 选择 👆 展开工具栏中的"渐变填充"（快捷键【F11】）工具，在"渐变填充"对话框中的设置如图 2-4 所示，渐变填充左、右端颜色均为白色。

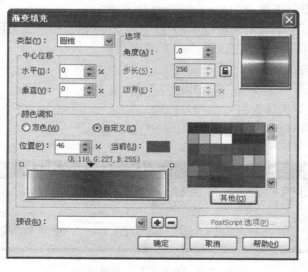

图 2-4 背景矩形的渐变填充设置

03 按下空格键，切换到"挑选"工具 👆 ，单击选定已填充的矩形，选择"排列"→"锁定对象"命令，锁定背景矩形。或右击矩形，在弹出的快捷菜单中选择"锁定对象"命令。

04 选择"矩形"工具 ▢ ，在页面中位置绘制宽度为 80 mm，高度为 132 mm 的矩形，单击右侧调色板中的"黑色"，为矩形填充黑色。在"矩形"工具属性栏中设置 4 个圆角均为 20 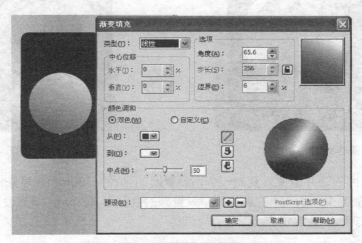。

05　选择"椭圆"工具 ，按住【Ctrl】键绘制直径为 64mm 的圆（即在"椭圆形"工具的属性栏中设置对象的宽和高均为 64mm），用鼠标右键单击调色板中的黑色，设置轮廓颜色为"黑色"，单击"填充"工具 右下角的三角形，选择列表中的 渐变填充...，渐变填充设置如图 2-5 所示。

图 2-5　椭圆的渐变填充

06　选定上述绘制的圆，按数字键盘上的"+"号，原位置复制一个圆，单击属性栏中的"不成比例的缩放"→"调整比率"按钮 ，输入圆的直径 53mm（也可按住【Shift】键不放，利用"挑选"工具拖动对象的 4 个角上的控制点等比例缩小圆）。用鼠标右键单击调色板上的 ，取消椭圆的轮廓色，填充色设置如图 2-6 所示。将"选项"中的角度设置为-138.5°。

07　原位置复制上步中的圆，并设置圆的直径为 45mm，填充色为 30%黑，轮廓色为黑色。再原位置复制该圆并设置圆的直径为 38mm，填充色为 30%黑，轮廓色为白色，如图 2-7 所示。

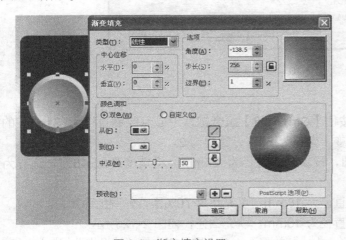

图 2-6　渐变填充设置

图 2-7　复制并调整圆的大小

选定半径为 **38mm** 的圆，选择"交互式调和"工具，按住鼠标不放拖至半径为 **45mm** 的圆的轮廓，如图 **2-8** 所示。设置"交互式调和"工具的属性栏中的步长值为 **20**，调和效果如图 **2-9** 所示。

图 2-8　交互式调和　　　　　　　　　　　　图 2-9　调和效果

08　选定最大的圆并原位置复制一个，设置圆的半径为 **30mm**、填充白色、无轮廓色的圆，再原位置复制白色的圆，在属性栏中设置圆的直径为 **17mm**，填充设置为从黑到白的射线渐变，具体设置如图 **2-10** 所示。

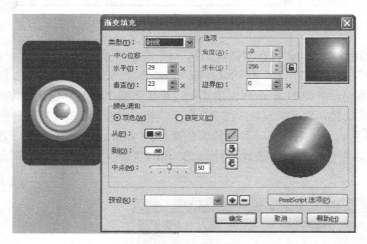

图 2-10　渐变填充

绘制音箱上部分图形：

09　选择"椭圆"工具，按住【Ctrl+Shift】组合键从中心点绘制直径为 **31mm** 的圆，填充从 **80%**黑到白色的线性渐变，角度为 **50°**，边界为 **2**。

10　原位置复制上步骤中的圆，设置圆的直径为 **25mm**，将角度改为 **-46°**，边界为 **0**，如图 **2-11** 所示。

11　原位置复制圆，设置圆的直径为 **18mm**，填充色为 **70%**黑，轮廓色为黑色。

12　原位置复制圆，设置圆的直径为 **10mm**，填充白色，如图 **2-12** 所示。

13　绘制一填充色为黑色的矩形，大小如效果图，单击属性栏中的"转换为曲线"按钮

（组合键【Ctrl+Q】）。选择工具栏中的"形状"工具 ，用鼠标右键单击矩形框的上边线，在弹出的快捷菜单中选择"到曲线"（或用"形状"工具框选矩形上面的两个节点，单击属性栏中的 ），将直线转换为曲线。利用"形状"工具拖动节点的手柄调整曲线的弧度，如图 2-13 所示。

图 2-11　绘制图形 1

图 2-12　绘制图形 2

图 2-13　绘制图形 3

14 利用矩形绘制音箱文字上面的线，填充从 **50%** 黑到白色的线性渐变，角度为 **90°** 。

15 利用"文本"工具 输入"NANIAO"，在"文本"工具栏中设置字体为 Arial 和字号 24pt。最终效果如图 2-1 所示。

16 保存后，选择"文件"→"导出"命令，导出成"音箱.jpg"。

操作技巧

✧ 利用"挑选"工具 单击对象可以选择对象，拖动对象的控制点可以改变对象大小，再次单击（或双击）对象则可以旋转或倾斜对象和移动中心点。

✧ 双击"挑选"工具 ，全选页面中的所有对象。

✧ 按空格键快速切换到"挑选" 工具。

✧ 按数字键盘上的【 + 】键原位置复制对象。

✧ 按【Ctrl+C】、【Ctrl+V】组合键原位置复制对象。

✧ 用鼠标右键拖动对象复制或移动对象。

✧ 用鼠标左键拖动对象至目的地，然后单击鼠标右键后释放左键和右键，实现对象的复制。

✧ 用鼠标左键单击颜色面板中的颜色设置对象的填充色，用鼠标右键单击颜色面板中的颜色设置对象的轮廓色。单击 设置无填充色，用鼠标右键单击 ，设置无轮廓色。

✧ 将鼠标指针移到对象上，滚动鼠标中间的滚轮，则以鼠标指针处为中心快速任意放大或缩小对象；按住【 Ctrl 】键，滚动鼠标中间的滚轮，可以左右移动对象；按住【 Alt 】键，滚动鼠标中间的滚轮，可以上下移动对象。

2.1.5　案例拓展

为 CoreIDRAW 宝典教材设计一配套光盘，效果如图 2-14 所示。

图 2-14　光盘

因为光盘有所不同，所以尺寸也不尽相同。光盘的一般尺寸为：外径为 116mm，小于或等于 117mm；内径为 18mm。

01 利用椭圆工具在页面中绘制一大一小两个正圆，大圆直径为 116mm，小圆直径为 18mm。

02 选中这两个圆进行修剪（选择"排列"→"造形"→"修剪"命令，或单击属性栏中的"修剪"按钮 ），选中里面的小圆，按【Delete】键删除。然后填充从天蓝色到白色射线渐变，其轮廓颜色为 10%黑，轮廓宽为 1.5mm，如图 2-15 所示。

03 再利用椭圆形工具绘制一个大小合适的圆，并与前面的圆环进行相交操作，注意要保留"目标对象"。相交区域填充白色，如图 2-16 所示。

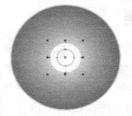

图 2-15　绘制大小两个圆　　　　　图 2-16　相交操作后得到白色的圆环

04 利用椭圆绘制一个大小合适的圆，填充为无，轮廓色为白色，复制多份，调整位置，如图 2-17 所示。

05 利用"矩形"工具绘制两个大小相同的矩形，转为曲线后并利用"形状"工具调整形状。填充白色，无轮廓色，如图 2-18 所示。

06 选择"文件"→"导入"命令，导入位图"花.jpg"文件，选定位图，选择"效果"→"图框精确剪裁"→"放置在容器中"命令，然后在光盘的矩形上单击。用鼠标右键单击矩形，在弹出的快捷菜单中选择"编辑内容"命令（或选择"效果"→"图框精确剪裁"→"编辑内容"命令），调整花的大小和位置，再用鼠标右键单击花，选择"结束编辑"命令（或选择"效果"→"图框精确剪裁"→"结束编辑"命令），如图 2-19 所示。

07 同上方法导入"光盘插图.jpg"，置于右边的矩形中。利用"文本"工具输入 CorelDRAW，利用"形状"工具调整间距。

08 利用"贝塞尔"工具绘制直线并复制，轮廓色为白色，按【Ctrl+D】组合键进行再制，如图 2-20 所示。

09 利用工具箱中的"文本"工具 单击页面输入"CorelDRAW"和"宝典"。"宝典"两字的颜色为黄色，利用"智能填充工具" 在 CorelDRAW 中的相应字母中单击填充颜色，在调色板中修改颜色为紫色、天蓝色、绿色和红色，如图 2-21 所示。

图 2-17　绘制中间圆　　图 2-18　绘制矩形形状　　图 2-19　图框精确剪裁　　图 2-20　绘制直线

图 2-21　智能填充

10　选择"文件"→"导入"命令，导入机械工业出版社的 Logo，并利用 "文本"工具 字 输入机械工业出版社和 China Machine Press，调整好位置。利用"贝塞尔"工具 绘制直线，如效果图所示。

11　保存成"光盘.cdr"。选择"文件"→"导出"命令，导出成"光盘.jpg"文件。

任务 2　手提袋设计

2.2.1　案例效果

本案例学习手提袋的设计方法，效果如图 2-22 所示。

2.2.2　案例分析

本案例中手提袋利用"矩形"工具绘制手提袋主体部分，利用"挑选"工具对矩形进行变形。用"贝塞尔"工具绘制手提袋的绳子，复杂星形绘制太阳，背景使用螺纹，再利用"交互式调和"工具实现等距离复制螺纹。

2.2.3　相关知识

2.2.3.1　"多边形"工具

图 2-22　手提袋效果

选择工具箱中的"多边形"工具 ，在绘图页面中按住鼠标左键不放，拖曳鼠标左键到合适的位置后松开鼠标左键，完成多边形的绘制，如图 2-23 所示。多边形工具的属性栏如图 2-24 所示。在 5 中可以设置多边形的边数。

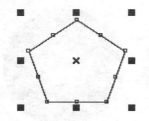

图 2-23　五边形

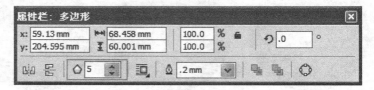

图 2-24　"多边形"工具的属性栏

绘制多边形时，选定"多边形"工具后，可以先在属性栏中设置好多边形的边数，再绘制多边形；也可以绘制出多边形后，再在属性栏中修改多边形的边数。

选定多边形后，单击工具箱中的"形状"工具，将鼠标指针指向多边形的节点，如图 2-25a 所示，向外拖动到合适位置松开鼠标，如图 2-25b 所示，向内拖动的效果如图 2-25c 所示，向外拖动同时旋转如图 2-25d 所示。

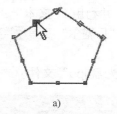
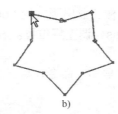
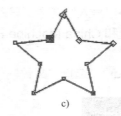
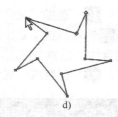

a)　　　　　　　　　　b)　　　　　　　　　　c)　　　　　　　　　　d)

图 2-25　多边形和星形的转换

2.2.3.2　"星形"工具

选择工具箱中的"多边形"工具展开工具栏中的"星形"工具，在绘图页面中按住鼠标左键不放，拖曳鼠标左键到合适的位置后松开鼠标左键，完成星形的绘制。"星形"工具的属性栏如图 2-26 所示。

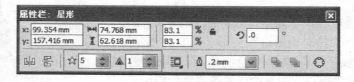

图 2-26　"星形"工具的属性栏

在"星形"工具的属性栏中可以设置星形的顶点数，在"锐度"后面的组合框中可以设置星形顶点的尖锐程度。

选定多边形后，单击工具箱中的"形状"工具，拖动节点可以将星形转换成多边形，如图 2-27 所示。

图 2-27　星形和多边形的转换

2.2.3.3　"复杂星形"工具

选择工具箱中的"多边形"工具![]展开工具栏中的"复杂星形"工具![]，在绘图页面中按住鼠标左键不放，拖曳鼠标左键到合适的位置后松开，完成复杂星形的绘制，如图 2-28a 所示。"复杂星形"工具的属性栏同星形。利用"形状"工具![]，顺时针或逆时针拖动并旋转复杂星形的顶点可以更改复杂星形的形状，如图 2-28b、c、d 所示。

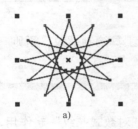 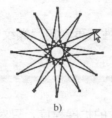 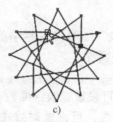 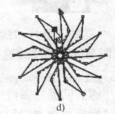

图 2-28　复杂星形和改变复杂星形

2.2.3.4　"图纸"工具

选择工具箱中的"多边形"工具![]展开工具栏中的"图纸"工具![]，在绘图页面中按住鼠标左键不放，拖曳鼠标左键到合适的位置后松开，完成图纸的绘制，如图 2-29 所示。"图纸"工具属性栏如图 2-30 所示。

图 2-29　绘制图纸　　　　　　　　图 2-30　"图纸"工具的属性栏

"图纸"工具和"螺纹"工具共用了一个属性栏，在属性栏中可以设置图纸网格的列数![]和行数![]。

　　用鼠标右键单击"图纸"，选择"取消群组"，将图纸网格将分解为一个一个的矩形，可以单独进行操作。

2.2.3.5　"螺纹"工具

选择工具箱中的"多边形"工具![]展开工具栏中的"螺纹"工具![]，在绘图页面中从左上角往右下角拖曳鼠标，完成螺纹的绘制，如果从右下角往左上角拖曳，则绘制出反向的对称式螺旋线，如图 2-31a 所示。"螺纹"工具的属性栏如图 2-32 所示。

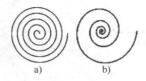

图 2-31 对称和对数螺纹

图 2-32 "螺纹"工具的属性栏

选择属性栏中的"对称式螺纹" ，则绘制的是对称式螺旋线。单击属性栏中的"对数式螺纹" ，则绘制的是对数式螺旋线，如图 2-31b 所示。

小贴示

要先设置好"螺纹"工具属性栏中的属性，再利用"螺纹"工具绘制螺纹，否则绘制后就不能修改这些属性了。

"螺旋回圈"属性：可设置螺纹线圈数。

"螺旋扩展参数"属性：可设置对数式螺纹的扩展程度，只对"对数式螺纹"起作用，当数值为 1 时，将绘制出对称式螺纹。

操作技巧

◇ 按【Shift】键，可从中心向外绘制螺纹。

◇ 按【Ctrl】键，可以绘制出正圆螺纹。

2.2.3.6 基本形状绘制

1．基本形状的绘制

选择工具箱中的"基本形状"工具 展开工具栏中的 ，在"基本形状"属性栏中的"完美形状"按钮 下所需的形状进行绘制，如图 2-33 所示。图 2-34 所示的标志可用"完美形状"中的水滴形状绘制。

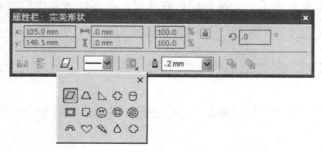

图 2-33 "完美形状"属性栏

图 2-34 纯怡标志

2．其他形状绘制

除了基本形状 外，CorelDRAW X4 还提供了箭头形状 、流程图形状 、标题形状

和标注形状 。各个形状的面板如图 **2-35** 所示。

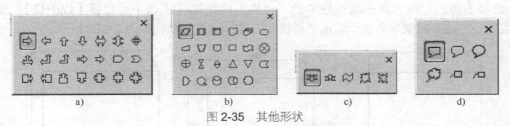

图 2-35　其他形状

a) 箭头形状　b) 流程图形状　c) 标题形状　d) 标注形状

在上面的形状中，如果有红色或黄色的菱形符号，则可以拖动调整形状。

2.2.3.7　"智能绘图"工具

选择工具箱中的"智能填充"工具 展开工具栏中的"智能绘图"工具 ，在属性栏中设置形状的识别等级与平滑率以及轮廓的宽度，如图 **2-36** 所示。

图 2-36　"智能绘图工具"的属性栏

在"形状识别等级"中选择"高"时，如果在绘图页面中按下鼠标左键大致绘制一个圆的形状，则松开左键后即可自动识别为圆形，如图 2-37a、b 所示；如果绘制一个大致的矩形则会识别为矩形，如图 2-37c、d 所示。

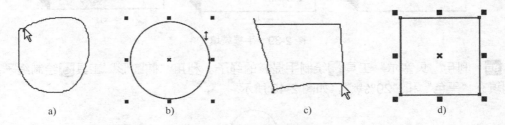

图 2-37　智能绘图工具

2.2.4　案例实现

01　新建文件"手提袋.cdr"。选择"版面"→"页面背景"命令，在"背景"中设置纯色"30%黑"。

02　利用"矩形"工具 绘制大小合适的手提袋主体部分，如图 2-38a 所示，再利用

"挑选"工具对上面的矩形进行变形（用"挑选"工具双击矩形进行变形），如图 2-38b 所示。选择右侧的矩形，单击属性栏中的"转换为曲线"按钮 ◎（组合键【Ctrl+Q】),选择"视图"→"贴齐对象"命令，利用"形状"工具 调整形状，如图 2-38c 所示。

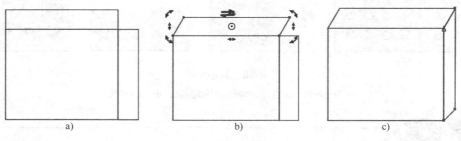

a)   b)   c)

图 2-38　手提袋主体的绘制

03　利用"贝塞尔"工具 绘制手提袋主体的直线。选中手提袋右侧的矩形，单击右侧颜色面板中的"黑色"，填充黑色。将上面的矩形填充"20%黑"，如图 2-39a 所示。利用"文本"工具输入"F"，设置字体为"华文隶书"，字号为 72；再利用"文本"工具输入"ashion"，设置字体为"华文新魏"，字号为 24，如图 2-39b 所示。

04　选择"文件"→"导入"命令，在"导入"对话框中选择"人物.jpg"文件，单击"导入"按钮，然后在舞台上适当位置单击即可。调整好图片在手提袋上的位置，如图 2-39c 所示。

a)   b)   c)

图 2-39　手提袋填充

05　利用"贝塞尔"工具 绘制手提袋的绳子。利用"椭圆形"工具 绘制绳子孔，分别填充"黑色"和"20%黑"，如图 2-40 所示。

图 2-40　绘制手提袋的绳子

06　选择"多边形"工具的 ◎ 展开工具栏中的"复杂星形"工具 ✿，绘制如图 2-41 所示的复杂星形，利用"形状"工具 ⬚ 指向图 2-41a 所示节点，按住鼠标左键不放向外并同时往逆时针方向拖动，拖到合适位置后松开鼠标左键，用鼠标右键单击右侧调色板中的 ⊠，取消所选对象的轮廓色，如图 2-41b～图 2-41d 所示。调整该形状至手提袋的合适位置，如图 2-42 所示。按住【Shift】键不放，选择手提袋的所有组成部分，单击鼠标右键，选择"群组"命令。

a)　　　　　　b)　　　　　　c)　　　　　　d)

图 2-41　绘制复杂星形

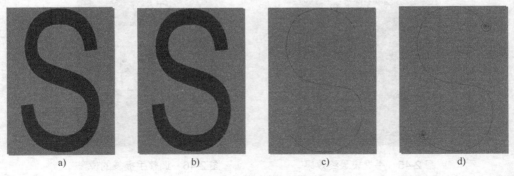

图 2-42　手提袋效果

07　绘制手提袋的背景图案。在页面中输入大写字母"S"，字体为"Arial"，调整字号与页面等大。选择"贝塞尔"工具 ⬚，沿着 S 的外沿绘 S 曲线，删除字母"S"，如图 2-43 所示。

b) c) d))

a)　　　　　　b)　　　　　　c)　　　　　　d)

图 2-43　绘制"S"曲线

08　选择"多边形"工具 ◎ 展开工具栏中的"螺纹"工具 ◎，单击"螺纹"工具属性栏中的"对数式螺纹" ◎，设置螺纹回圈为 5 ⬚ 5 ⬚，螺纹扩展参数为 85 ⬚ — ⬚ 85 ，从上往下绘制一螺纹，放置在"S"曲线的起点，然后复制一螺纹，放置在"S"曲线的末端，如图 2-43d 所示。

09 选择"交互式调和"工具 ，从起点的螺纹拖至末端的螺纹，在"交互式调和"工具属性栏中设置调和步长为 25 ，效果如图 2-44a 所示。单击"交互式调和"工具属性栏中的"路径属性"按钮 ，选择"新路径"命令，当鼠标指针变成向下箭头时，在"S"曲线上单击，适当缩小图形，如图 2-44b、c 所示。单击"交互式调和"工具属性栏中的"调和间距"按钮 ，实现等间距调和。用鼠标右键单击对象，在弹出的快捷菜单中选择"打散路径群组中的混合"命令，选择"S"曲线，按【Delete】键删除"S"曲线，如图 2-44d 所示。

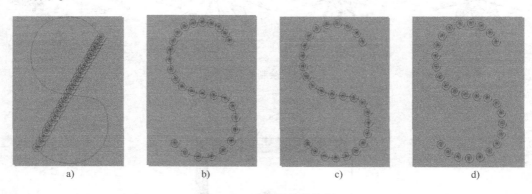

a)　　　　　　　　b)　　　　　　　　c)　　　　　　　　d)

图 2-44　背影螺纹的绘制

10 选择螺纹，用鼠标右键单击调色板中的"10%黑"，设置螺纹的轮廓色。复制一螺纹，设置轮廓色为 60%黑，如图 2-45 所示。调整手提袋在页面中的位置，用鼠标右键单击手提袋，在快捷菜单中选择"顺序"→"到页面前面"命令，将手提袋置于页面最前面，如图 2-46 所示。

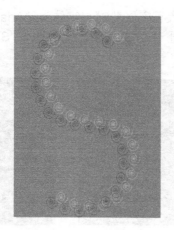

图 2-45　手提袋最终效果

图 2-46　调整手提袋的位置

2.2.5　案例拓展

运用"多边形"工具、"星形"工具、"图纸"工具、"基本形状"工具和"智能绘图"

工具绘制如图 2-47 所示夜色的效果。

图 2-47　夜色效果

01 双击工具箱中的"矩形"工具，绘制与页面等大的矩形，填充 **10%**黑，再绘制一黑色矩形，填充黑色。利用"交互式透明"工具，设置线性透明如图 2-48 所示。

02 利用"椭圆形"工具绘制一月亮，选中月亮，单击工具箱中的"交互式阴影"工具，在属性栏中的"预设列表"中选择"中等辉光"，阴影颜色选择"黄色"，为月亮添加光晕效果，如图 2-49 所示。

图 2-48　设置交互式透明

图 2-49　设置阴影

03 选择工具箱中的"星形"工具，在属性栏中设置多边形边数为 5，绘制一五角星，同上方法添加黄色阴影。

04 复制五角星，并调整好大小和位置，如效果图 2-47 所示。

05 选择"标注形状"工具，在属性栏中选择"完美形状"列表中的，绘制云朵，利用"橡皮擦"工具擦除多余的形状。复制几朵云，调整好大小和位置，利用"交互式透明"工具 ，在属性栏中分别选择"线性"和"标准"，如图 **2-50** 所示。

图 2-50　云朵绘制及其透明度设置

06　利用"矩形"工具绘制房子，分别填充白色和 60%黑，将屋顶矩形按【Ctrl+Q】组合键转曲后，利用"形状"工具调整其形状，并利用"图纸"工具绘制窗户，如图 2-51 所示。

07　绘制一椭圆，填充射线渐变，渐变色从橘红到白色，利用"交互式填充"修改渐变中心和边界。选择该椭圆，选择"效果"→"图框精确剪裁"→"放置在容器中"命令，然后单击窗户，将椭圆置于窗户中制作灯光效果，如图 2-52 所示。

08　利用"多边形"工具绘制三角形，利用"矩形"工具绘制楼房，如图 2-53 所示。

 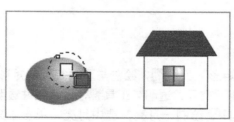 

图 2-51　绘制房子　　　　　图 2-52　绘制灯光　　　　　图 2-53　绘制楼房

09　利用"箭头形状"，在属性栏中"完美形状"列表中选择绘制一向上的箭头，并绘制大大小小的许多圆，如图 **2-54a** 所示。框选所有对象，单击属性栏中的"焊接"按钮，如图 **2-54b** 所示，填充绿色（C:27,M:0,Y:93,K:0），去除轮廓色，如图 **2-54c** 所示。

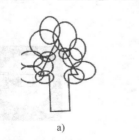 

a)　　　　　　　　　　　b)　　　　　　　　　　　c)

图 2-54　绘制树

10　选择"艺术笔"工具，在属性栏中单击"喷罐"按钮，再在"喷涂列表文件列表"下拉列表中选择"草"，在树底和房屋旁绘制小草。

11　利用"智能绘图"工具绘制花朵并填充颜色：橘红、黄色和绿色，如图 2-55 所示。将花朵按【Ctrl+G】组合键群组后复制并修改花朵大小，调整花朵和小草位置，如图 2-56 所示。

图 2-55　绘制花朵　　　　　　　　　　图 2-56　调整位置

任务 3　化妆品设计

2.3.1　案例效果

本案例主要学习用"矩形"工具、"贝塞尔"工具和"形状"工具等来设计化妆品的方法，如图 2-57 所示。

图 2-57　化妆品效果

2.3.2　案例分析

本案例主要学习用"矩形"工具和"形状"工具绘制护肤品形状。利用"贝塞尔"工具和"形状"工具绘制光线效果。灵活运用渐变填充和交互式填充来填充颜色，利用"交互式透明"工具对护肤品对象的细节部分添加透明效果，体现了磨砂玻璃的质感。利用绘制与页面等大的矩形并填充射线渐变色，利用"艺术笔"工具制作背景效果。

2.3.3　相关知识

曲线图形的绘制工具在"手绘"工具的展开工具栏中，如图 2-58 所示。

图 2-58　曲线展开工具栏

2.3.3.1 "手绘"工具

"手绘"工具主要用于绘制直线和自由形状线条。选择工具箱中的"手绘"工具 ，在绘图页面中单击确定起点，按住鼠标左键不放，拖曳鼠标左键至合适位置后松开鼠标左键，即可以鼠标拖动轨迹绘制出自由形状的曲线，系统会自动平滑手绘曲线的形状。

2.3.3.2 "贝塞尔"工具

使用"贝塞尔"工具可以精确绘制出任意形状的平滑曲线。

（1）绘制直线和折线。

选择工具箱中的"贝塞尔"工具 ，单击确定直线或折线的起点，拖曳鼠标到合适位置单击，依次单击确定折线的其他节点，绘制完后按【Enter】键或空格键结束绘制。当鼠标指针指向起节点时单击即可绘制封闭的折线。图 2-59 所示利用"贝塞尔"工具绘制的小山。

（2）绘制曲线。

选择工具箱中的"贝塞尔"工具 ，单击确定曲线的起点，将鼠标光标移到所需的位置后单击并按住鼠标左键不放拖动鼠标，则节点两侧出现两个调节手柄，拖到合适的形状后松开鼠标左键，继续单击并拖动鼠标，按【Enter】或空格键结束绘制。如图 2-60 所示绘制花朵。

图 2-59　绘制小山

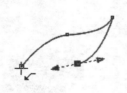
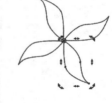

图 2-60　绘制花瓣

操作技巧

❖ 利用"贝塞尔"工具 绘制曲线，当鼠标指针移至第一个节点时单击，则绘制一个封闭形状。

❖ 如果在绘制下一段曲线时需要将曲线转角，则需要双击平滑节点，取消此节点一侧的控制手柄，将平滑节点转换为尖突节点。

❖ 如果在绘制完第 1 条曲线后，按空格键切换到"选择"工具状态，然后再次按空格键返回"贝塞尔"工具状态，接着绘制曲线，则可以绘制多条不连接的曲线。

❖ 曲线绘制完后，可以利用"形状"工具 调节曲线。

2.3.3.3 "艺术笔"工具

利用"艺术笔"工具 可以绘制多种精美的线条和图形，可以模仿真实画笔的效果，绘制出不同风格的设计作品。艺术笔分为预设、笔刷、喷罐、书法和压力 5 种模式。

选择"艺术笔"工具 ，其属性栏如图 2-61 所示。

图 2-61　"艺术笔"工具的属性栏

1．"预设"模式

在图 2-62 所示的"预设"模式 下系统提供了多种线条类型，可以改变曲线的宽度。

图 2-62　预设模式

手绘平滑 ：在数值框中可以设置所绘线条的平滑度。

"艺术笔"工具宽度 ：在数值框中可以设置所绘制曲线的宽度。

预设笔触列表 ：在列表框中可以选择系统提供的预设笔触样式。

2．"笔刷"模式

在图 2-63 所示的"笔刷"模式下 系统提供了多种颜色样式的笔刷，可以绘制各种漂亮样式的曲线。

图 2-63　笔刷模式

笔触列表 ：在列表框中可以选择系统提供的笔触样式，图 2-64 所示用笔刷模式下的各种笔触绘制的 iphone。如设置"手绘平滑"值为 30，"艺术笔"工具宽度为 40，笔触列表为 ，绘制山脉效果如图 2-65 所示。

图 2-64　绘制 iphone

图 2-65　绘制山脉

3．"喷罐"模式

在图 2-66 所示的"喷罐"模式 下系统提供了多种有趣的图形对象，可以绘制有趣的曲线，也可以应用在已绘制的曲线上。在"喷涂列表" 中选择一种图形对象绘制曲线，然后用鼠标右键单击曲线，选择"打散艺术笔群组"命令，可以分离图形对象和曲线，然后再用鼠标右键单击图形对象，选择"取消群组"命令，可以得到分离后的图形。

图 2-66 喷罐模式

选择喷涂顺序 [随机 ▼]：喷涂对象时按"喷涂列表"对话框中的顺序喷涂，选择"随机"选项，则喷出的图形将会随机分布。

单击按钮 [图]，弹出"喷涂列表"对话框，如图 2-67 所示。

图 2-67 "喷涂列表"对话框

在该对话框中可以将左边喷涂列表中的图形对象添加到右边的播放列表中，添加到播放列表中的对象将出现在绘制的曲线上；也可以移除播放列表中的图形对象，绘制的曲线就没有该对象，也可以调整绘制曲线上的图形对象的顺序。图 2-68 所示为喷罐模式下绘制的对象。

图 2-68 喷罐模式下绘制的对象

4．"书法"模式

在图 2-69 所示的"书法"模式 [图] 下，可以模拟书法或钢笔绘画的效果，在属性栏中可以设置书法笔的角度 [∠ .0] 和书法线条的粗细 [40.9 mm]。如果角度值设为 0°，书法笔笔尖是水平的，也就是说水平方向画出的线条最细，垂直方向画出的线条最粗。如果角度值为 90°，则跟 0° 刚好相反。如设置书法角度为 45°，书法线条宽度为 15mm，书写"青春"，如图 2-70 所示。

图 2-69　书法模式

图 2-70　书写"青春"

5."压力"模式

在图 2-71 所示的"压力"模式下，可以用压力感应笔或键盘输入的方式改变线条的粗细。在"艺术笔压感笔"属性栏中可以设置感应笔的平滑度和笔刷的宽度。在绘制过程中按住向下的光标键【↓】，可以不断减小笔触宽度，图 2-72 所示的"力"字。

图 2-71　压力模式

图 2-72　书写"力"字

2.3.3.4　"钢笔"工具

"钢笔"工具和"贝塞尔"工具的功能相似，都用于创建直线和曲线，也可以通过节点和控制手柄来控制曲线的形状。不同之处在于，单击属性栏中的"预览模式"按钮，"钢笔"工具可以提前观察下一段需要绘制的线段形状，单击属性栏中的"自动添加"→"删除"节点按钮，可以在绘制曲线的过程中添加节点或删除节点。例如绘制水滴形状，首先单击确定水滴上面的节点，然后在第 2 个节点的位置单击并拖动鼠标，直到形状符合要求时松开鼠标，然后再在第 1 个节点上单击即可以绘制一个标准的水滴，如图 2-73 所示。最后填充放射状的填充，填充对话框如图 2-74 所示。

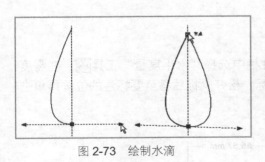

图 2-73　绘制水滴

图 2-74　填充水滴

在使用"钢笔"工具绘制曲线时，如果在单击产生节点并且还没松开鼠标时按住键盘上的【Alt】键，可以调节该节点的位置。

37

2.3.3.5 "折线"工具与"3点曲线"工具

利用"折线"工具▲可以绘制任意折线，如果单击鼠标，则绘制折线，如果单击鼠标后按住鼠标不放拖动，则绘制类似"手绘"工具绘制任意曲线。

利用"3点曲线"工具▲可以通过用户指定的宽度和高度来绘制所需的曲线。单击"3点曲线"工具，单击鼠标确定曲线的起点并拖动到终点，松开鼠标，然后拖动光标至所需的形状，单击完成曲线绘制。

2.3.3.6 "交互式连线"工具

利用"交互式连线"工具▣可以将流程图、对象或者组织机构图连接起来，包括成角连接器▣和直线连接器▮，如图 2-75 所示创建交互式连线。

2.3.3.7 "度量"工具

"度量"工具可以测量对象的水平、垂直和斜面上的距离和角度等，同时在相应位置添加数值标注。"度量"工具的属性栏如图 2-76 所示。

图 2-75 "交互式连线"工具

图 2-76 "度量"工具的属性栏

Ṫ："自动度量"工具。单击该按钮，会根据鼠标单击的两个点自动检测是水平度量还是垂直度量。

Ị："垂直度量"工具。

⊢："水平度量"工具。

⬈："倾斜度量"工具。

⤴："标注"工具。

⬎："角度量"工具。

绘制方法如下。

（1）水平度量：选择"度量"工具▣，在属性栏中选择"水平度量"工具⊢，在需度量的起点单击鼠标，然后在需度量的终点处单击鼠标，松开鼠标后移至要标注的位置再单击鼠标确定，如图 2-77 所示。

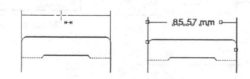

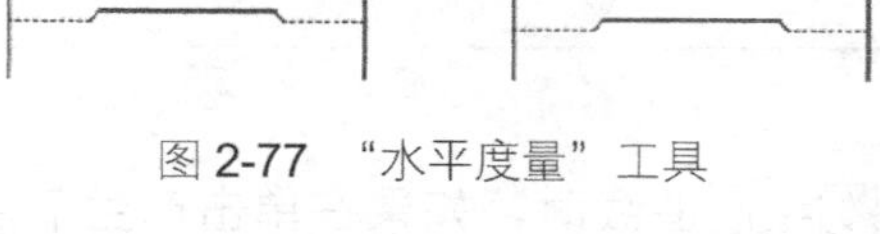

图 2-77 "水平度量"工具

（2）垂直度量：方法同上。

（3）"标注"工具：选择"度量"工具▣，在属性栏中选择"标注"工具⤴，单击起点，然后移至合适位置单击确定第 2 点，再移至合适位置单击，输入标注内容。

（4）角度量：选择"度量"工具，在属性栏中选择"角度量"工具，首先单击角点，然后移至角的起始边单击，再移至角的终止边单击，最后移至合适标注位置单击即可。

用度量工具标注后，选择整个标注，再选择"排列"→"打散线性尺度"命令，或"排列"→"打散标注"命令，或"排列"→"打散斜角尺寸"命令，可以调整度量线和标注内容。

例如：打开"包装盒尺寸标注.cdr"，按图 2-78 所示完成标注。

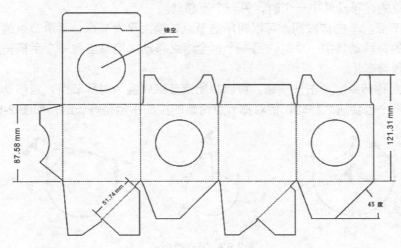

图 2-78　标注

2.3.3.8　"形状"工具

曲线是由线段和节点组成的，节点是对象造型的关键，使用工具箱中的"形状"工具，调整节点的手柄，可以灵活地改变对象的形状，因此"形状"工具在对象的编辑造型中非常重要。"形状"工具的属性栏如图 2-79 所示。

图 2-79　"形状"工具的属性栏

：添加节点。在曲线上单击，再单击该按钮，可以在曲线上新增节点。

：删除节点。选择节点后单击该按钮，则可以删除节点。

：断开曲线。选择一个节点后单击该按钮，则可以从该节点处断开。按图 2-80 所示断开曲线。

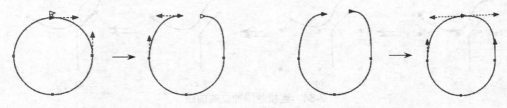

图 2-80　断开节点　　　　　　　　图 2-81　连接两个节点

⌐凸：连接两个节点。单击该按钮，可以将所选的两个节点合并。按图 2-81 所示连接曲线。

⌐⌐：转换曲线为直线。单击该按钮，可以将所选节点之间的曲线转换为直线。直线两端节点将无调节手柄。

⌐⌐：转换直线为曲线。单击该按钮，可以将所选节点之间的直线转换为曲线。曲线两端将出现调节手柄。

⌐⌐：使节点成为尖突。单击该按钮，可以将所选节点转换为尖突节点，尖突节点的两个控制手柄是独立的，移动其中一个时，另一个不移动。

⌐⌐：平滑节点。单击该按钮，可以将所选节点转换为平滑节点，平滑节点的两个控制手柄是相互关联的，移动其中一个时，另一个也会随之移动。但是当改一个手柄长度时另一个手柄长度不会跟着变化。

⌐⌐：生成对称节点。单击该按钮，可以将所选节点转换为对称节点，当移动其中一个控制手柄时，另一个也会随之移动，但对称节点两端的控制手柄是等长的，如图 2-82 所示。

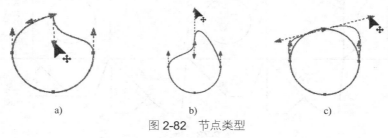

图 2-82　节点类型

a) 尖突节点　b) 平滑节点　c) 对称节点

⌐⌐：反转曲线方向。单击该按钮，可以将起点和终点的位置对调，从而反转曲线的绘制方向。

⌐⌐：延长曲线使之闭合。单击该按钮，可以将所选的两个节点连接起来，如图 2-83 所示。

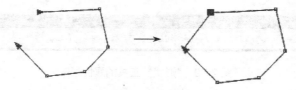

图 2-83　封闭曲线

如果是独立的开放曲线，则需先将开放曲线焊接（或结合）成一个对象，然后再单击该按钮来连接两个端点，如图 2-84 所示。

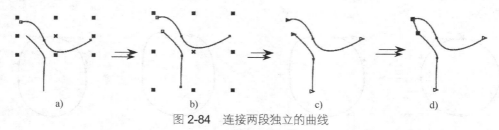

图 2-84　连接两段独立的曲线

a) 独立的两条曲线　b) 框选焊接　c) 框选两端节点　d) 连接两个端点

⬚：提取子路径。单击该按钮，可以将选中的路径分离出来，成为一条独立的路径，如图 2-85 所示。

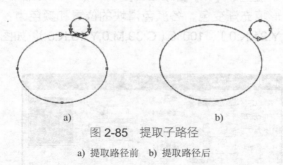

图 2-85　提取子路径

a) 提取路径前　b) 提取路径后

⬚：自动闭合曲线。单击该按钮，可以将起点和终点用直线连接起来，成为一条封闭路径。

⬚：延展与缩放节点。选择节点，单击该按钮，曲线周围将出现 8 个控制点，可以按比例缩放节点间的连线。

⬚：旋转和倾斜节点。选择节点，单击该按钮，曲线周围将出现旋转和倾斜控制柄，可以旋转和倾斜节点上的曲线段。

⬚：选择全部节点。

2.3.4　案例实现

01　选择"矩形"工具⬚绘制化妆品瓶身外形，在属性栏中设置圆角为⬚，如图 2-86 所示。选择"渐变填充"工具⬚，为图形填充自定义线性渐变色，如图 2-87 所示。各颜色滑块的位置和颜色为：0%（C:12,M:2,Y:7,K:0），18%（C:23,M:9,Y:11,K:0），30%（C:27,M:4,Y:15,K:0），68%（C:25,M:3,Y:14,K:0），100%（C:18,M:2,Y:10,K:0）。用鼠标右键单击右侧调色板中的⬚，去掉轮廓色，填充效果如图 2-88 所示。

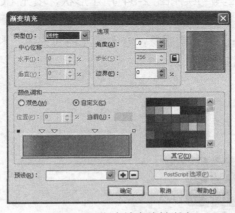

图 2-86　瓶身外形　　　　图 2-87　瓶身填充线性渐变　　　　图 2-88　瓶身填充效果

02　选择"矩形"工具⬚绘制化妆品瓶盖，在属性栏中设置圆角为⬚，填充颜色为（C:54,M:2,Y:20,K:0），去掉轮廓色，如图 2-89 所示。

03 选中瓶盖，按小键盘的【+】键原位置复制一个，向右缩小一定的宽度，选择"渐变填充"工具█，为图形填充渐变色，各颜色滑块的位置和颜色为：0%（C:90,M:47,Y:45,K:6），59%（C:62,M:3,Y:24,K:0），100%（C:39,M:0,Y:15,K:0），如图 2-90 所示。填充效果如图 2-91 所示。

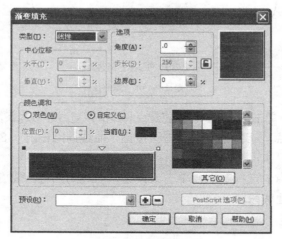

图 2-89　绘制瓶盖　　　　图 2-90　瓶盖填充线性渐变　　　　图 2-91　瓶盖填充效果

04 利用"矩形"工具□绘制两个矩形，去掉轮廓，分别填充（C:24,M:7,Y:14,K:0）和白色，作为此处的反光效果，如图 2-92 所示。再复制一矩形，填充黑色，调整位置如图 2-93 所示。

图 2-92　绘制瓶盖高光　　　　　　　　图 2-93　绘制瓶盖金属部分

05 利用"贝塞尔"工具⌇绘制图 2-94 所示形状，填充（C:73,M:16,Y:32,K:0），去掉轮廓。

06 按小键盘上的【+】键复制瓶身，修改填充色为白色，利用"交互式透明"工具🔲为其应用图 2-95 所示的线性透明效果。

图 2-94　绘制瓶盖细节　　　　　　图 2-95　设置瓶身的交互式透明

07 利用"贝塞尔"工具 绘制瓶底外形，填充颜色为（C:18,M:3,Y:9,K:0），去掉轮廓，如图 2-96 所示。再利用"贝塞尔"工具 绘制瓶底厚度外形，填充 0%（白色），10%（C:23,M:7,Y:11,K:0），90%（C:28,M:4,Y:15,K:0），100%（白色），如图 2-97 所示，去掉轮廓色。

图 2-96　绘制瓶底外形　　　　　　　　图 2-97　绘制瓶底细节 1

08 借助辅助线并利用"贝塞尔"工具 绘制瓶底外形，如图 2-98a 所示，利用"形状"工具 单击图 2-98b 所示的直线，单击属性栏中的"转换直线到曲线" ，调整节点手柄形状如图 2-98c 所示，填充颜色为（C:14,M:4,Y:9,K:0），最终形状如图 2-98d 所示。

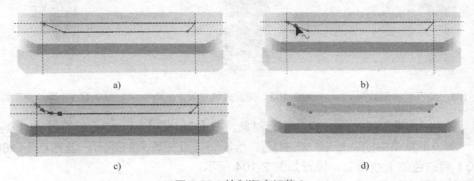

a)　　　　　　　　　　　　　　　　　b)

c)　　　　　　　　　　　　　　　　　d)

图 2-98　绘制瓶底细节 2

a) 绘制外形　b) 直线转曲线　c) 调整形状　d) 填充颜色

09 利用"矩形"工具 绘制矩形作为瓶身左侧的细节外形，填充颜色为（C:26,M:3,Y:13,K:0），去掉轮廓色，如图 2-99 所示。为其应用线性透明效果，如图 2-100 所示。

图 2-99　绘制瓶身细节　　　　　　图 2-100　应用交互式透明

10 利用"矩形"工具 绘制矩形作为瓶身右侧的受光外形，填充白色，去掉轮廓，为其应用线性透明效果，如图 2-101 所示。

11 按小键盘的【+】键复制一个矩形，单击"交互式透明"工具 📿，单击属性栏中的"清除透明度"按钮 ⊗，并缩小图形，填充 0%（C:90,M:47,Y:45,K:6），59%（C:62,M:3,Y:24,K:0），100%（C:39,M:0,Y:15,K:0），单击"交互式填充"工具 ◈，设置如图 2-102 所示。

12 选择"文本"工具 字，输入文字"POPO"，在属性栏中设置字体为"Bauhaus 93"，大小合适。再利用"文本"工具 字 输入"水润嫩白乳液"，"适用于干性皮肤"，在属性栏中设置字体为"方正姚体"，如图 2-103 所示。

图 2-101　交互式透明效果　　　图 2-102　交互式填充效果　　　图 2-103　输入文字后的效果

13 利用"挑选"工具 ▶，框选所有对象，按【Ctrl+G】组合键，群组所有对象。

14 双击工具箱中的"矩形"工具 □，绘制一与页面等大的矩形，填充从（C:60,M:0,Y:20,K:0）到白色的射线渐变，设置如图 2-104 所示。

15 复制两个对象，将其中一个缩小并调整好位置，将另一个旋转 90°，调整好大小和位置，如图 2-105 所示。

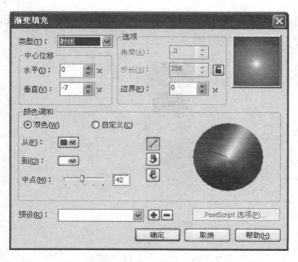 

图 2-104　背景填充　　　　　　　　　　　　　　图 2-105　复制后效果

16 选择"艺术笔"工具 ✍，单击其属性栏中的"喷罐"按钮 🖮，在"喷涂列表文件列表"中选择  和 ，绘制小草和蘑菇背景，打散艺术笔群组，并取消群组，

绘制背景效果如图 2-106 所示。

2.3.5　案例拓展

绘制香水瓶，效果如图 2-107 所示。

图 2-106　艺术笔效果

图 2-107　香水瓶效果

01　按【Ctrl+N】组合键，新建一页面。选择"矩形"工具，绘制一矩形，分别填充位置和颜色为 0%（C:47,M:38,Y:38,K:2）,85%（白色），100%（白色）的射线渐变，并调整好中心点位置，如图 2-108 所示。再绘制另一矩形，填充 10%黑，两个矩形均去掉轮廓色。两矩形位置如图 2-109 所示。

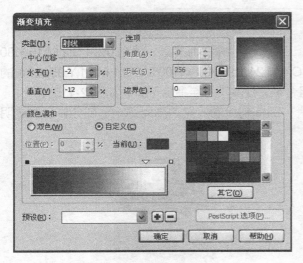

图 2-108　为背景矩形的渐变填充

图 2-109　绘制另一矩形

02 利用"贝塞尔"工具和"形状"工具绘制香水瓶瓶身，填充从（C:1,M:40,Y:91,K:0）到（C:2,M:10,Y:95,K:0）的线性渐变，去掉轮廓色，如图 2-110 所示。

03 利用"贝塞尔"工具和"形状"工具绘制香水瓶瓶身上部分，填充从（C:44,M:99,Y:98,K:5）到（C:5,M:100,Y:96,K:0）的线性渐变，角度为 98°，边界为 9%，去掉轮廓色，如图 2-111 所示。

04 利用"贝塞尔"工具和"形状"工具绘制香水瓶瓶身的上部分，填充从（C:46,M:75,Y:99,K:6）到（C:15,M:71,Y:99,K:0）的线性渐变，角度为 90°，去掉轮廓色，如图 2-112 所示。

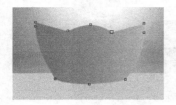 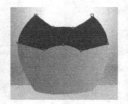 

图 2-110　绘制瓶身 1　　　　图 2-111　绘制瓶身 2　　　　图 2-112　绘制瓶身 3

05 利用"椭圆形"工具绘制两个椭圆作为瓶盖部分，框选两个椭圆，单击属性栏中的"修剪"按钮进行修剪，移开图形，利用"橡皮擦"工具擦除多余图形，移好图形位置，如图 2-113 所示。

为上面的瓶盖主体图形填充 0%（C:0,M:60,Y:80,K:20），38%（C:2,M:15,Y:80, K:0），60%（C:2,M:15,Y:80,K:0），100%（C:13,M:38,Y:96,K:0）的线性渐变，瓶盖上面的图形填充（C:8,M:38,Y:87,K:0），均去除轮廓色，如图 2-114 所示。

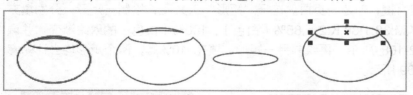 

图 2-113　绘制瓶盖　　　　　　　　　　　　　　　图 2-114　填充效果

06 利用"贝塞尔"工具和"形状"工具绘制香水瓶瓶颈，填充 0%（C:2,M:15,Y:80,K:0），25%（C:3,M:12,Y:67,K:0），63%（C:4,M:24,Y:96,K:0），100%（C:1,M:51,Y:95,K:0）的线性渐变，无轮廓色，按【Ctrl+PgDn】组合键，让其下移至瓶盖下方，如图 2-115 所示。

07 利用"贝塞尔"工具和"形状"工具绘制瓶盖的高光等细节部分，设置透明度，如图 2-116 所示。

图 2-115　绘制瓶颈　　　　　　　　图 2-116　绘制瓶盖高光

08　利用"贝塞尔"工具、"形状"工具和"交互式透明"工具绘制瓶身的高光和瓶底等细节部分，如图 2-117 所示。

09　绘制白色、无轮廓色的椭圆，复制并按中心点缩小，填充从（C:13,M:32,Y:69,K:80）到（C:2,M:11,Y:96,K:0）的线性渐变，渐变角度为-90°，利用"文本"工具输入文字"Gologne"，字体为"Chiller"，设置合适大小，如图 2-118 所示。

图 2-117　绘制瓶身、瓶底细节　　　　图 2-118　绘制文字标签

10　框选香水瓶所有对象，按【Ctrl+G】组合键群组，按小键盘的【+】键复制，单击属性栏中的"垂直镜像"，调整好位置，如图 2-119 所示。

11　利用"交互式透明"工具工具调整倒影的透明度，位置如图 2-120 所示。

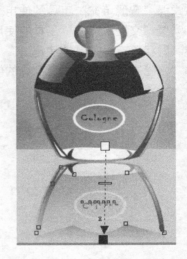

图 2-119　制作倒影　　　　图 2-120　调整倒影的透明度

12　利用"文本"工具输入文字"魅力四射"，字体为华文行楷，字体颜色为白色，轮廓色为橘红。

13　选择"艺术笔"工具，单击其属性栏中的"喷罐"按钮，在"喷涂列表文件列表"中选择，绘制烟花效果，最终效果如图 2-107 所示。

项 **3** 目

CorelDRAW 图形填充

教学目标

- ❖ 熟练掌握"填充"工具的使用。
- ❖ 熟练掌握"智能填充"工具的使用。
- ❖ 熟练掌握"交互式填充"工具的使用。
- ❖ 掌握"网状填充"工具的使用。
- ❖ 掌握"滴管"和"颜料桶"工具的使用。

任务 1　卡通图形上色

3.1.1　案例效果

本案例主要运用图形的基本填充功能完成卡通图形的上色，卡通图形上色前的效果如图 3-1 所示，上色后效果如图 3-2 所示。

图 3-1　卡通图形上色前

图 3-2　卡通图形上色后

3.1.2　案例分析

本案例主要运用标准填充、线性渐变填充、放射状渐变填充和填充的复制来完成对图形的填色。灵活运用各种填充方法使绘制的图形更加细腻、生动和更具立体效果。

3.1.3　相关知识

在 CorelDRAW 中，颜色的填充包括图形对象内部颜色的填充和轮廓颜色的填充。图形对象的轮廓只能填充单色，而图形对象的内部颜色可以填充单色、渐变色和图案。

选择工具箱中的"填充"工具，拖出"填充展开工具栏"，如图 3-3 所示，从左至右包括均匀填充、渐变填充、图样填充、底纹填充、PostScript 填充对话框、无填充和颜色泊坞窗。

图 3-3　填充展开工具栏

3.1.3.1　标准填充

1．使用调色板填充颜色

用调色板填充颜色是给图形对象上色的最快方法。在 CorelDRAW X4 中提供了多种调色板。选择"窗口"→"调色板"命令，将弹出可供选择的多种颜色调色板。默认状态下使用的是 CMYK 调色板，启动 CorelDRAW 后主界面右侧的条形色板就是 CMYK 调色板。

对选定图形对象进行填充的方法：

◇ 单击 CMYK 调色板的色块，则设置填充色；用鼠标右键单击色块则设置轮廓色。

◇ 将色块直接拖至图形的填充区域设置填充色，拖至图形的轮廓处设置轮廓色。

◇ 单击调色板中的⊠，取消填充色；用鼠标右键单击调色板中的⊠，则取消轮廓色。

例如，在绘图区绘制一椭圆并选定，单击"CMYK"调色板中的"橘红"色，为椭圆填充橘红色，用鼠标右键单击调色板中的⊠，取消轮廓色。利用"挑选"工具两次单击椭圆，将中心点移至椭圆下部，如图 3-4 所示。选择"窗口"→"泊坞窗"→"变换"→"旋转"命令，在图 3-5 所示的"变换"泊坞窗的角度文本框中输入 45，然后多次单击"应用到再制"按钮，如图 3-6 所示。再利用"椭圆"工具，按下【Ctrl+Shift】组合键从中心点开始绘制一正圆，填充黄色，用鼠标右键单击调色板的绿色，设置轮廓色为"绿色"，如图 3-7 所示。

图 3-4　绘制椭圆　　图 3-5　"变换"泊坞窗　　图 3-6　旋转复制　　图 3-7　绘制圆并填充

在调色板中单击某种颜色时按住鼠标左键长一点时间，则会出现该颜色附近色阈的调色板。如果图形已填充某种单色，再按住【Ctrl】键单击其他颜色，可以混和两种颜色，按【Ctrl】键连续单击某种颜色，可以连续混合颜色。

2．使用均匀填充

单击"填充展开"工具栏中的"均匀填充"按钮▇，弹出图 3-8 所示的"均匀填充"对话框。在"模型"选项卡中选择颜色模式，对于 CMYK 模式，输入 C、M、Y、K 值来设置颜色，或在颜色面板中拖动选择所需颜色。

单击"均匀填充"对话框中的"混和器"选项卡，如图 3-9 所示。混和器设置框是通过组合其他颜色的方式来生成新颜色。通过转动色环或从"色度"选项下拉列表中选择形状，设置颜色；从"变化"选项下拉列表中选择各种选项，调整颜色的透明度；拖动"大小"下的滑块使选择的颜色更丰富。

单击"调色板"选项卡，如图 3-10 所示。在"调色板"列表框中选择需要的颜色库，在调色板中的颜色上单击选中所需颜色，调整"淡色"下的滑块使选择的颜色变淡。

3．使用"颜色"泊坞窗填充

单击"填充展开"工具栏中的"颜色泊坞窗"按钮▥，或选择"窗口"→"泊坞窗"→"颜色"命令，弹出图 3-11 所示的"颜色"泊坞窗。选择要填充的对象，在"颜色"泊坞窗中调好颜色，单击"填充"按钮，则设置对象的填充色；单击"轮廓"按钮，则设置轮廓色。

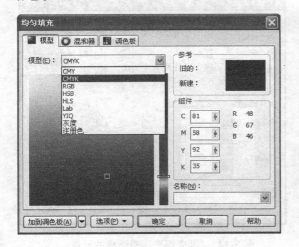

图 3-8　"均匀填充"对话框 1

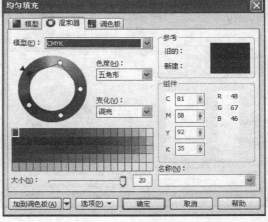

图 3-9　"均匀填充"对话框 2

例如，绘制图 3-12 所示的图形，然后利用"颜色"泊坞窗进行填色，框选图形对象，调整或输入 CMYK 值为（C:52,M:0,Y:92,K:0），单击"轮廓"按钮；调整或输入 CMYK 值为（C:0,M:0,Y:89,K:0），单击"填充"按钮；选择中心的圆，调整或输入 CMYK 值为（C:0,M:44,Y:89,K:0），单击"填充"按钮，如图 3-12 所示。

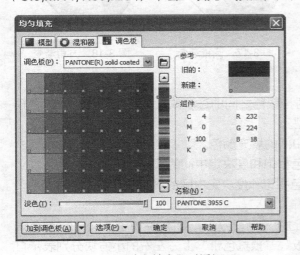

图 3-10　"均匀填充"对话框 3

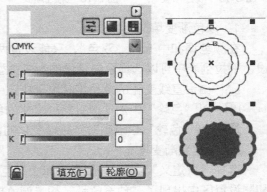

图 3-11　"颜色"泊坞窗　　图 3-12　上色

3.1.3.2　渐变填充

渐变填充可以为对象填充平滑过渡的色彩效果，以增加画面的丰富性，突出对象的质感。渐变填充类型包括线性、射线、圆锥和方角。单击"填充展开"工具栏中的"渐变填充"对话框按钮■，弹出图 3-13 所示的对话框。

在"渐变填充"对话框的"中心位移"选项中，对于"线性"类型不可用，其他几种类型都可用，该选项用于设置渐变中心的位置，"角度"文本框可以设置渐变颜色的角度，"边界"文本框可以设置渐变过渡的范围，如图 3-14 所示。

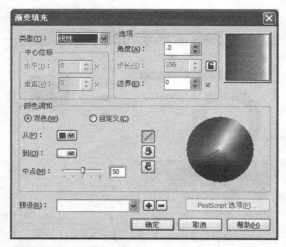 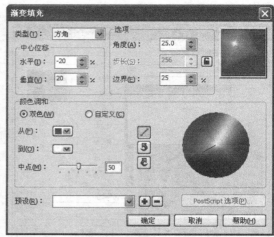

图 3-13　"渐变填充"对话框　　　　　图 3-14　"渐变填充"对话框的设置

在"类型"下拉列表中可以选择填充类型，包括线性、射线、圆锥和方角，效果如图 3-15～图 3-18 所示。

图 3-15　线性渐变　　　图 3-16　射线渐变　　　图 3-17　圆锥渐变　　　图 3-18　方角渐变

1．双色渐变填充

在颜色调和中选择"双色"，只能设置两种颜色之间的过渡效果，在图 3-13 中的"预设"下拉列表中可以选择系统预设的渐变类型。

　[✎]：由沿直线变化的色相饱和度来决定中间的填充颜色。

　[5]：以"色轮"中沿逆时针路径变化的色相饱和度决定中间的填充颜色。

　[e]：以"色轮"中沿顺时针路径变化的色相饱和度决定中间的填充颜色。

2．自定义渐变填充

选择"自定义"，可以设置两种以上颜色过渡的渐变效果，如图 3-19 所示。在"颜色调和"设置区中出现了"预览色带"和"调色板"，"预览色带"上方左右的小方块分别表示自定义渐变色的起点和终点颜色，选定起点或终点小方块，再单击调色板中的颜色（或单击"其他"按钮来设置颜色），可以改变渐变填充起点和终点的颜色。

在"预览色带"上的起点和终点颜色之间双击，则添加一个黑色倒三角形的颜色滑块，选定颜色滑块，单击调色板中的颜色，设置中间的渐变色，如图 3-20 所示。拖动颜色滑块可以调整渐变色的位置，也可以在位置文本框中进行设置。

例如，利用线性渐变和射线渐变绘制按钮，如图 3-21 所示。利用自定义线性渐变还可以绘制图 3-22 所示的电池的立体效果。

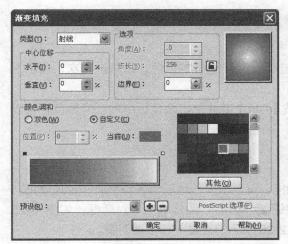

图 3-19　自定义渐变填充　　　　　　　　图 3-20　自定义渐变填充的设置

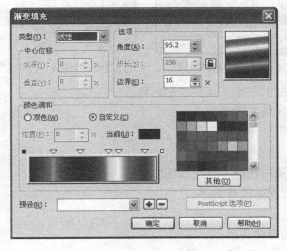

图 3-21　绘制按钮

图 3-22　绘制电池

电池主体的渐变填充设置如图 3-23 所示，电池标签下面的黄色渐变填充如图 3-24 所示。

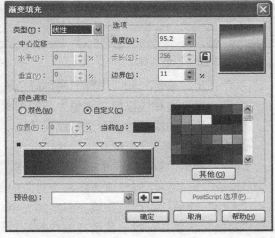

图 3-23　电池渐变填充设置 1　　　　　　图 3-24　电池渐变填充设置 2

电池渐变填充设置 1 从左至右为：黑、20%黑、90%黑、10%黑、白、60%黑、白。

电池渐变填充设置 2 从左至右为：（C:41,M:92,Y:99,K:4）、（C:33,M:54,Y:98,K:1）、（C:1,M:20,Y:72,K:0）、（C:4,M:9,Y:28,K:0）、（C:5,M:7,Y:14,K:0）、（C:1,M:49,Y:92,K:0）、（C:39,M:67,Y:99,K:3）。

◆ 按【Ctrl】键的同时在调色板中不断单击添加到调色板的颜色,每单击一次,颜色逐渐变浅。

◆ 选中的对象已在填充颜色的状态下,按【Ctrl】键并单击调色板中的任意颜色,可以将此颜色均匀混合在已填充颜色中。

3.1.3.3　图案填充

1.图样填充

借助 CorelDRAW 强大的"图样填充"功能,可以很方便地制作各种材质和纹理效果。单击"填充展开"工具栏中的"图样填充"按钮■,弹出"图样填充"对话框,如图 3-25 所示,可以为图形对象填充双色、全色(如图 2-26 所示的设置)和位图图案。

例如,绘制图 3-27 所示的图形,进行图样填充。

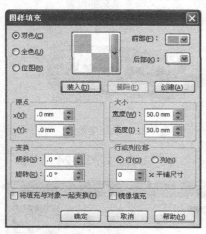

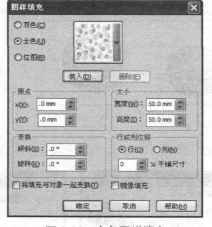

图 3-25　双色图样填充　　　　图 3-26　全色图样填充　　　　图 3-27　图样填充效果

双色:用"前部"和"后部"两种颜色构成的图案来填充图形对象。

全色:用矢量和线描样式图像生成的图案来填充图形对象。

位图:用位图图样对图形进行纹理填充。

装入:可以载入已有图片。

创建:弹出"双色图案编辑器"对话框,单击鼠标左键绘制图案。

"原点"选项:可以使填充图案在对象内部发生位置偏移。

"大小"选项:可以设置填充图案的大小。

"变换"选项:可以设置填充图样的倾斜和旋转角度。

"行或列位移"选项:可以设置填充图案的行或列产生位移。

勾选"将填充与对象一起变换"复选框,当对填充对象进行缩放等变换时,填充图样也会随之进行变换。

勾选"镜像填充"复选框,为对象填充图样时,对象内的填充图样会自动水平翻转。

2.底纹填充

单击"填充展开"工具栏中的"底纹填充"按钮■,弹出"底纹填充"对话框,如图 3-28

所示。在"底纹库"选项的下拉列表中可以选择 9 个不同的样本组,不同的样本组中有不同的底纹样式。

图 3-28　"底纹填充"对话框

3．PostScript 填充

PostScript 填充是一种特殊的图案填充方式,使用 PostScript 填充的图案只有在"增强"或"使用叠印增强"视图模式下才能显示出来,且只能在具有 PostScript 解释能力的打印机中才能被打印出来。

选择图形对象,单击"填充展开"工具栏中的"PostScript 底纹"对话框按钮的 ,如图 3-29 所示。在该对话框中选择所需的底纹,在"参数"选项中可以修改底纹参数。

例如,绘制图 3-30 所示的图形,进行 PostScript 底纹填充,在"使用叠印增强"视图模式下浏览填充效果。

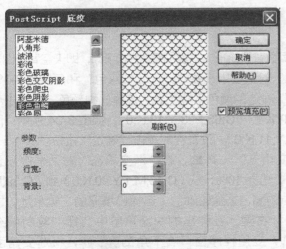

图 3-29　"PostScript 底纹"对话框

图 3-30　PostScript 底纹填充效果

3.1.3.4 "智能填充"工具

使用"智能填充"工具，除了可以为对象填充单一颜色，还能自动检测对象的边缘并对两个或多个对象的重叠区域创建一个闭合路径进行填充。此外，还能将新填充的区域分离为新的图形对象。单击工具箱中的"智能填充"工具，可以为图形的交叉区域填充颜色和轮廓色，其属性栏如图 3-31 所示。

图 3-31 "智能填充"工具属性栏

例如，绘制图 3-32 所示的图形，利用"智能填充"工具单击要填充的区域进行填充，填充后可以将填充构成的封闭区域拖出来。

图 3-32 用"智能填充"工具填充图形

3.1.3.5 "滴管"与"颜料桶"工具

可以使用"滴管"工具吸取对象的颜色或属性，使用"颜料桶"工具可以将"滴管"工具吸取的颜色或属性应用到其他对象上。

3.1.4 案例实现

01 打开"卡通图形上色.cdr"，选择页面背景矩形（与页面等大的矩形），即天空背景图形，选择"渐变填充"工具，在"渐变填充"对话框中设置"线性"、"双色"和角度为-90°，边界为 8%，如图 3-33 所示。 单击"从"右边的颜色下拉列表，选择一种颜色，或单击"其他"，弹出"选择颜色"对话框，设置 CMYK 色（C:63,M:3,Y:13,K:0），如图 3-34 所示；同样方法设置"到"后面的颜色为（C:30,M:3,Y:11,K:0）。设置完后单击"确定"按钮。

02 选择左边草地图形，选择"渐变填充"工具，在"渐变填充"对话框中设置如图 3-35 所示，选择"线性"、角度-94.1°，边界 10%，从（C:16,M:1,Y:90,K:0）到（C:39,M:1,Y:97,K:0）；用鼠标右键单击右侧调色板中的，去除轮廓色。选择已填充的左边草地，鼠标右键不放拖动到右侧草地图形后释放鼠标右键，在弹出的快捷菜单中选择"复制填充"命令，去除轮廓色，再双击 CoreIDRAW 应用程序窗口右下角的，将渐变角度改为-91.8°，边界改为 3%，如图 3-36 所示。

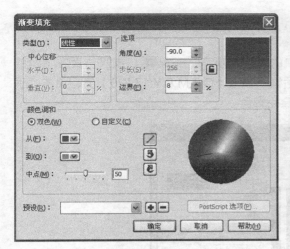

图 3-33　"渐变填充"对话框　　　　　图 3-34　"选择颜色"对话框

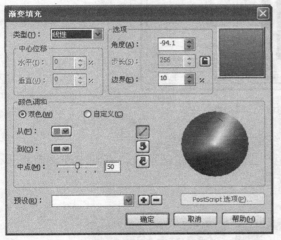

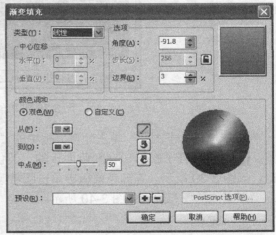

图 3-35　左边草地的渐变填充　　　　　图 3-36　右边草地的渐变填充

03　选择路面图形，选择"渐变填充"工具■，同上方法，设置线性双色渐变，角度为 10°，边界为 22%，从（C:3,M:13,Y:44,K:0）到（C:4,M:30,Y:83,K:0），效果如图 3-37 所示。

图 3-37　图形填充草地、路面

04 填充米老鼠。将鼠标指针指向米老鼠，滚动鼠标滚轮，放大米老鼠。选择身子主体图形，单击调色板中的"黑色"■。

05 选择米老鼠脸部图形，单击工具箱中的"均匀填充"工具■，或双击页右下角的 ◇⊠无，打开图 **3-38** 所示的"均匀填充"对话框，输入（C:3,M:8,Y:17,K:0）值，单击"确定"按钮。用鼠标右键单击调色板中的⊠，去除轮廓色。

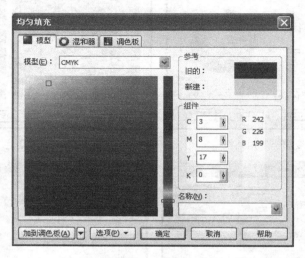

图 3-38 "均匀填充"对话框

06 选择裤子图形，单击颜色面板中的"红色"，去除轮廓色。

07 选择鞋子图形，在颜色面板的"黄色"上按住鼠标左键不放，直到出现调色板为止，如图 **3-39** 所示。在颜色面板中单击所需颜色。

米老鼠的填充效果如图 **3-40** 所示。

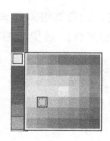

图 3-39 填充鞋子

图 3-40 米老鼠填充效果

08 填充汉堡图形。从上至下分别填充：

选择第一层图形，设置自定义线性渐变填充，角度 **3.2**，边界 **3%**，在颜色条上双击，新增一个颜色滑块，在位置后的文本框中输入 **34**，颜色滑块从左到右分别设置颜色为 **0%**位置（C:3,M:41,Y:89,K:0），**34%**位置（C:2,M:17,Y:41,K:0），**100%**位置（C:3,M:41,Y:89,K:0），如图 **3-41** 所示。

第二层图形填充：设置自定义线性渐变填充，颜色为 0%位置（C:31,M:91,Y:98,K:1），50%位置（C:0,M:83,Y:96,K:0），100%位置（C:31,M:91,Y:98,K:1）。

第三层图形填充：设置自定义线性渐变填充，角度为 92.8，边界为 22%，颜色为 0%位置（C:35,M:0,Y:81,K:0），50%位置（C:93,M:54,Y:94,K:28），100%位置（C:35,M:0,Y:81,K:0）。

第四层图形均匀填充颜色为（C:56,M:89,Y:97,K:15）。

第五层跟第一层颜色相同，用鼠标右键拖动第一层图形至第五层图形后松开，在弹出的快捷菜单中选择"复制填充"命令。

汉堡填充效果如图 3-42 所示。

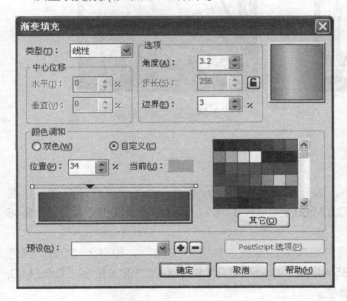

图 3-41　渐变填充设置　　　　　　　　　　　　图 3-42　汉堡填充效果

在"渐变填充"对话框中的颜色条上的任意位置，双击可以新增一个颜色滑块，双击已存在的滑块可以删除颜色滑块，左右两端的方形手柄不能删除。直接拖动滑块（除左右两端滑块）可以改变颜色滑块位置，也可以在位置上修改所选滑块的位置。

09 同上述方法填充其他图形。相同颜色的填充可以采用鼠标右键拖动"复制填充"的方法，如树叶的填充。

3.1.5　案例拓展

利用"填充"工具完成对插画的上色，图 3-43 为插画原图，图 3-44 为插画上色后的最终效果。

图 3-43　插画原图　　　　　　　　　图 3-44　插画最终效果

01　打开"插画填色.cdr"文件，选择背景上半部分的矩形，填充双色线性渐变，角度为-89.5°，边界为 25%，颜色从（C:0,M:60,Y:100,K:0）到（C:0,M:0,Y:100,K:0），如图 3-45 所示，去除轮廓色。

02　选择背景下面的矩形，填充自定义线性渐变，角度为 270°，边界为 30%，颜色为：0%位置（C:5,M:9,Y:89,K:0），35%位置（C:250,M:0,Y:92,K:0），100%位置（C:89,M:0,Y:7,K:0），如图 3-46 所示，去除轮廓色。

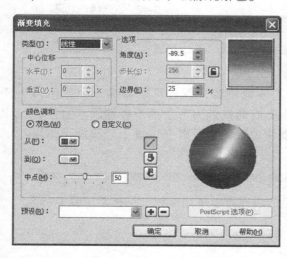 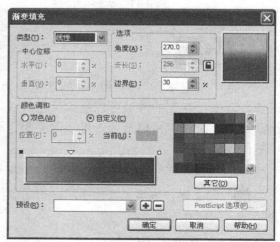

图 3-45　插画上半部分矩形填色　　　　　图 3-46　插画下半部分矩形填色

选择背景下方的矩形，选择"交互式透明"工具 ，从下面的矩形拖至上面的矩形，设置线性透明度如图 3-47 所示。

03　选择太阳图形，填充淡黄色，去除轮廓色。选择"交互式阴影"工具，在属性栏中的"预设列表"中选择"中等辉光"，阴影颜色选择橘红色，如图 3-48 所示。

图 3-47　设置交互式透明　　　　　　　　　图 3-48　设置太阳的阴影

04　选择人物填充黑色，衣服填充"深碧蓝"，去除轮廓色。

05　选择飞鸟，填充双色线性渐变，角度 100.3°，边界 38%，从白色到（C:13,M:11,Y:40,K:0），去除轮廓色。

06　选择水草，填充黑色。

07　选择花，可以自由填充其他颜色，最终效果如图 3-44 所示。

任务 2　草莓上色

3.2.1　案例效果

本案例通过网状填充来给草莓上色，从而表现草莓的立体效果和高光效果，效果图如图 3-49 所示。

图 3-49　草莓效果

3.2.2 案例分析

本案例使用"贝塞尔"工具和"形状"工具绘制草莓和叶子的外形；配合使用"填充"工具和"交互式网格填充"工具对草莓和叶子进行色彩的填充，以体现草莓的立体效果和高光效果，使其产生真实感；使用"复制网状填充"属性实现网状填充的复制。

3.2.3 相关知识

3.2.3.1 "交互式填充"工具

使用"交互式填充"工具 能方便地实现前面所述的各种填充方式进行的填充，通过图 3-50 所示的属性栏来调整填充类型，设置填充参数，使图形对象同步显示填充效果，交互式填充使填充变得更为直观。

图 3-50 "交互式填充"工具属性栏

选定填充对象，单击工具箱中的"交互式填充"工具组中的"交互式填充"按钮 ，如图 3-51 所示，在属性栏中选择要填充的类型，从对象要填充的位置拖至另一位置进行填充，如图 3-52 所示。

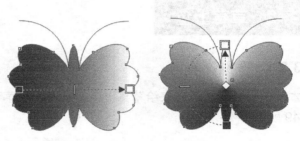

图 3-51 "交互式填充"工具组　　　　　　　图 3-52 交互式填充

设置交互式填充的属性栏如图 3-53 所示。

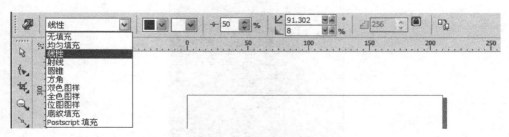

图 3-53 "交互式填充"工具的属性设置

改变和调整填充颜色的方法：

（1）在属性面板中选择 ，分别改变第一个颜色填充挑选器（颜色手柄）的颜色和最后一个颜色填充挑选器（颜色手柄）的颜色。拖动颜色手柄和中间的滑块，可以调整渐变色的位置，如图 3-54 所示。

（2）选择填充的其中一个颜色手柄，单击右侧调色板中的颜色，或直接将颜色拖至填充的手柄上，即可改变颜色。

（3）利用鼠标从右侧调色面板中拖动一种颜色至渐变线上，即可添加一种渐变颜色手柄，如图 3-55a 所示。拖动手柄可以调节渐变色的位置，双击渐变线，可以添加颜色手柄，双击渐变线中间的颜色手柄可以删除渐变色，如图 3-55b 所示。

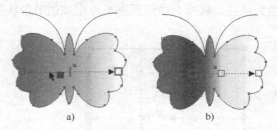

图 3-54　调整渐变色滑块　　　　　　　图 3-55　设置中间的渐变色

渐变填充经常是先利用"渐变填充"工具■，在"渐变填充"对话框中先设置好填充色和位置，再利用"交互式填充"工具，去调整位置、角度和边界。

3.2.3.2　"网状填充"工具

利用交互式网状填充，将每个网点填充不同的颜色，各种颜色混合后将得到独特的填充效果，从而使对象产生立体三维效果，尤其是在绘制对象的高光时用得很多。

网状填充只能应用于封闭对象或单条路径上，可以为对象定义网格，并能调整网格的数量、网格交叉点的位置与类型，还可以在网格线上添加节点，设置节点的类型，也可以制作出变化丰富的网状填充效果。

1．网状填充的属性栏

用户创建网格对象之后，可以通过添加、移除节点或交叉点来编辑网格，或是在属性栏中进行设置，选择"网状填充"工具，其属性栏如图 3-56 所示。当选择某个节点后，其后灰色的工具变得可用，如图 3-57 所示。

图 3-56　"网状填充"工具属性栏

图 3-57　选定节点后的"网状填充"工具的属性栏

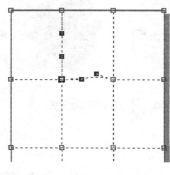：网格数量。可以设置网格的行数和列数。

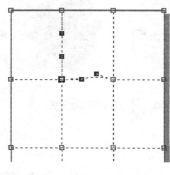：添加节点。在网格区域内单击，然后再单击该按钮，则添加网格。

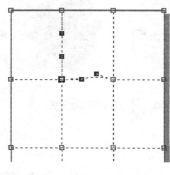：删除节点。选择某个节点，单击该按钮，则删除所选节点。

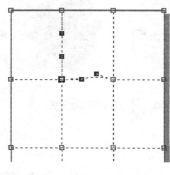：转换曲线为直线。选择某个节点，单击该按钮，可以将与该节点或网格交点相连的曲线转换为直线，转换为直线后则节点没有调节形状的手柄，如图 3-58 所示。

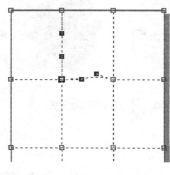：转换直线为曲线。选择某个节点，单击该按钮，可以将与该节点或网格交点相连的直线转换为曲线，转换为曲线后则节点增加调节形状的手柄，如图 3-59 所示。

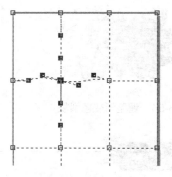

图 3-58　转换曲线为直线　　　　　图 3-59　转换直线为曲线

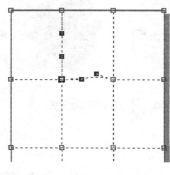：使节点成为尖突。

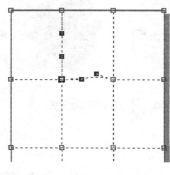：使节点成为平滑节点。

：使节点成为对称节点。

：复制网状填充属性自。首先选择一个目标对象，然后单击该按钮，此时光标变成黑色箭头，单击要从其上复制网格属性的对象，这时目标对象即被复制上源对象的网格属性。

：清除网状填充。

2．网格的编辑

（1）添加节点：在需要添加节点的地方双击鼠标左键，或先在网格区域需要添加节点的地方单击，再单击属性栏中的"添加节点"按钮。

（2）删除节点：选择需要删除的节点，双击鼠标左键即可删除，或单击属性栏中的"删除节点"按钮。

（3）调节网格线形状。鼠标指针指向曲线网格线直接拖动鼠标即可调整形状，如果是直线，可以先转成曲线后再调整形状。也可以通过先转换节点类型，然后鼠标拖动调节手柄来调节形状。

（4）移动节点：鼠标直接拖动节点移动即可。

3．添加颜色

（1）利用鼠标直接将右侧调色板的颜色直接拖至网格内或节点上即可。

（2）选择"窗口"→"泊坞窗"→"颜色"命令，打开图 3-60 所示的"颜色"泊坞窗，然后设置好颜色，选择节点，单击"填充"按钮即可。

图 3-61 所示为网格点添加颜色后的效果。

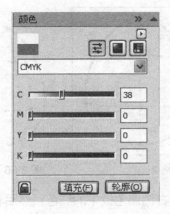

图 3-60　"颜色"泊坞窗

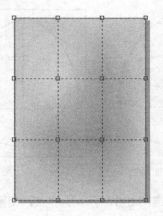

图 3-61　网状填充效果

利用网状填充先添加好网格和调整好网格形状，然后再进行填充，可以将调色板中的颜色直接拖至网格节点上，也可以拖至网格中，最好利用"颜色"泊坞窗来调好颜色后再填充。经常用网状填充来表现图形对象的高光细节。

3.2.4　案例实现

01　按【Ctrl+N】组合键新建一个页面，选择"椭圆形"工具 ◎ 绘制椭圆，按属性栏中的"转换为曲线"按钮 ◎ ，将矩形转换成曲线，如图 3-62 所示。

02　利用"形状"工具 ⬚ ，调整形状如图 3-63 所示。

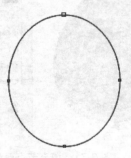

图 3-62　绘制椭圆

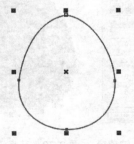

图 3-63　调整椭圆形状

03　选择"交互式网状填充"工具 ▦ ，在属性栏中设置 2 列 3 行，则图形出现的网格如图 3-64 所示。在图 3-65 所示的位置双击，添加一网格线，用同样方法添加多条网格线，如图 3-66 所示。

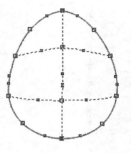

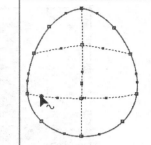

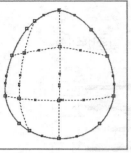

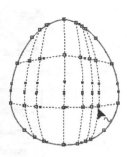

图 3-64　添加网格 1　　　　　　　图 3-65　添加网格 2　　　　　　　　　图 3-66　添加网格 3

04　框选图 3-67 所示的节点，用鼠标左键长按右侧调色板中的红色，然后在图 3-68 所示位置单击所需颜色。

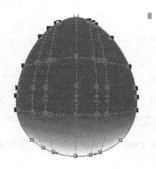

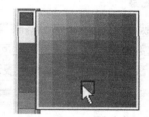

图 3-67　框选网格节点　　　　　　　　　　　图 3-68　设置颜色

05　取消图形对象轮廓，调整节点的形状。选择左上方的节点，在"颜色"泊坞窗中选择 CMYK 值，如图 3-69 所示。再单击"填充"按钮，效果如图 3-70 所示。

　　选择下方节点，利用"颜色"泊坞窗填充图 3-71 所示的颜色。

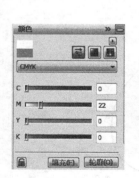

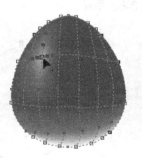

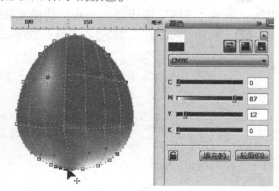

图 3-69　"颜色"泊坞窗　　图 3-70　节点填充效果　　　　图 3-71　填充节点颜色 1

　　继续选择节点，利用"颜色"泊坞窗填充如图 3-72 和图 3-73 所示。

06　绘制如图 3-74 所示的形状，填充双色射线渐变，从（C:0,M:78,Y:93,K:0）到（C:2,M:22,Y:96,K:0），中心位移水平：−12%，垂直：16%，如图 3-75 所示。双击页面右下角的"轮廓笔"工具 R: 253 G: 0 B: 0 .200 毫米，设置轮廓色为（C:0,M:100,Y:95,K:0），效果如图 3-76 所示。

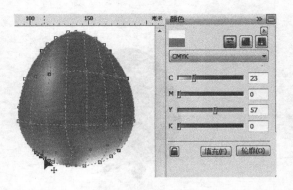

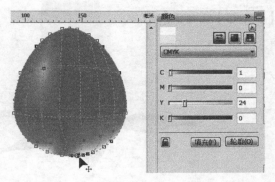

图 3-72 填充节点颜色 2　　　　　　　　　　　图 3-73 填充节点颜色 3

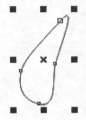

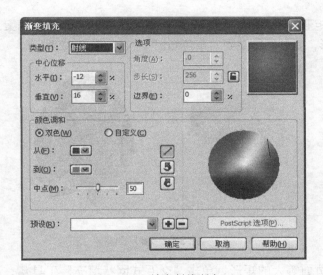

图 3-74 绘制形状　　　　　图 3-75 填充射线渐变　　　　　图 3-76 填充效果

07 复制并水平镜像多个，调整好位置和大小，然后按【Ctrl+G】组合键群组起来，如图 3-77 所示。

08 利用"贝塞尔"工具 ✐ 和"形状"工具 ✐，绘制叶子形状，分别填充酒绿、春绿、浅绿和月光绿，如图 3-78 所示。

09 利用"交互式网状填充"工具 ✐，分别为叶子填充颜色，如图 3-79 所示，叶子最终效果如图 3-80 所示。

图 3-77 草莓主体效果

图 3-78 绘制叶子　　　　　　　　　图 3-79 利用网状填充叶子

10 将叶子移至合适位置，置于草莓图层下方，如图 3-81 所示。框选所有对象，按

【Ctrl+G】组合键群组。

图 3-80　叶子填充效果　　　　　　　　　图 3-81　草莓效果

11　双击"矩形"工具 ⬜，绘制与页面等大的矩形。打开"图案.cdr"，选择该文件中有网状填充的图形，复制后粘贴到"草莓.cdr"中，如图 3-82 所示。

图 3-82　复制图案

12　选择与页面等大的矩形，单击"交互式网状填充"工具 ▦，单击属性栏中的"复制网状填充属性自"按钮 ▣，当鼠标指针变成黑色箭头时在复制过来的图形上单击，则将网状填充效果进行了复制，如图 3-83 所示。也可以用鼠标右键拖动已填充的图形至需填充的图形上释放右键，在弹出的快捷菜单中选择"复制属性"命令，最终效果如图 3-84 所示。

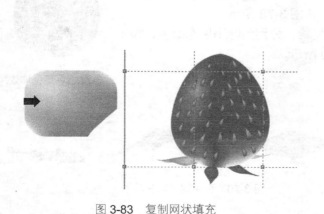

图 3-83　复制网状填充　　　　　　　　　图 3-84　网状填充最终效果

3.2.5　案例拓展

利用"交互式网状填充"工具实现背景的填充和牛仔裤的颜色填充，效果如图 3-85 所示。

图 3-85　网状填充效果

操作提示

01　选择背景矩形，填充（C:5,M:7,Y:68,K:0）颜色，如图 3-86 所示。

02　利用"交互式网状填充"工具 ，在如图 3-87 所示位置双击添加网格线。调整网格线形状，如图 3-88 所示。

图 3-86　填充背景矩形

图 3-87　添加网格线

图 3-88　调整网格线形状

03　分别为如图 3-89 所示的 1～6 号节点填充的颜色为（C:29,M:3,Y:36,K:0）、（C:28,M:3,Y:33,K:0）、（C:41,M:2,Y:21,K:0）、白色和白色、白色。

04 利用"贝塞尔"工具 和"形状"工具 绘制牛仔裤左、右腿的上色形状，如图 3-90 所示，填充颜色为（C:93,M:78,Y:51,K:19）。利用"交互式网状填充"工具 添加网格，设置网格节点颜色为（C:2,M:13,Y:42,K:0），左裤腿上的网状填充如图 3-91 所示，左裤腿上的网状填充如图 3-92 所示，最终效果如图 3-85 所示。

图 3-89　背景上色

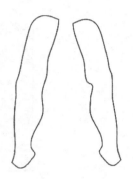

图 3-90　上色形状

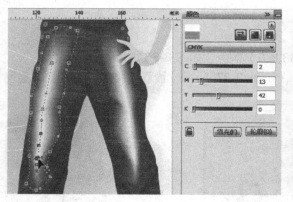

图 3-91　左裤腿形状的网状填充

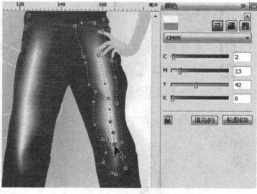

图 3-92　右裤腿形状的网状填充

项 **4** 目

CorelDRAW 图形编辑与组织

教学目标

+ 熟练掌握"对象修整"工具的使用，包括"焊接"、"修剪"、"相交"和"简化"
  工具。
+ 熟练使用"变换"泊坞窗精确控制对象。
+ 熟练掌握"轮廓笔"工具和"自由变换"工具的使用。
+ 熟练掌握"涂抹笔刷"工具和"粗糙笔刷"工具的使用。
+ 熟练掌握"裁剪"工具和"删除虚设线"工具的使用。
+ 熟练掌握"刻刀"工具和"橡皮擦"工具的使用。
+ 熟练掌握对象变换方式，包括位置变换、旋转变换、缩放与镜像变换、大小变换
  和倾斜变换。
+ 熟练掌握对象对齐与分布、群组与结合的应用。

任务 1　居室平面图设计

4.1.1　案例效果

本案例效果图如图 4-1 所示。

图 4-1　居室平面效果图

4.1.2　案例分析

通过对居室平面效果图的分析，该案例中主要用"裁剪"工具组绘制平面图框架，利用"形状编辑"工具组来绘制花形及植物图形，灵活运用移动复制操作来布置平面图中的植物及花图形。

4.1.3　相关知识

4.1.3.1　"轮廓笔"工具

使用"轮廓笔"对话框按钮 📐（快捷键【F12】）可以对轮廓线填充色彩。该对话框允许对色彩模式进行选择，为用户提供更丰富的色彩样式。

为轮廓线进行编辑的操作如下：

（1）为轮廓线编辑色彩。

单击"轮廓笔"对话框按钮 📐，弹出"轮廓笔"对话框，在"轮廓笔"对话框里可以改变轮廓的颜色，单击对话框左上角的"颜色"后面的下拉箭头，弹出常用颜色选择列表框，如果想选择其他颜色，单击颜色选择框里的"其他"按钮，弹出"轮廓色"对话框；单击"宽度"下面的下拉箭头，弹出预设宽度（也可以输入数值）；单击"箭头"下面的下拉箭头，弹出箭头选择下拉列表，如图 4-2 所示。

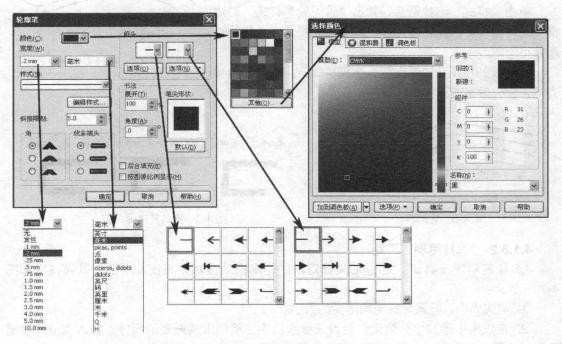

图 4-2　"轮廓笔"对话框

（2）编辑箭头。

单击箭头下面的"选项"按钮，再选择"新建"命令，弹出"编辑箭头尖"对话框，在该对话框中可以编辑箭头的形状、大小、位置和方向，如图 4-3 所示。

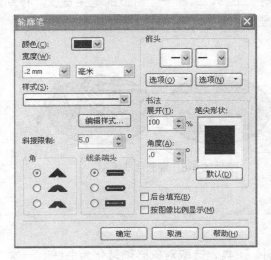
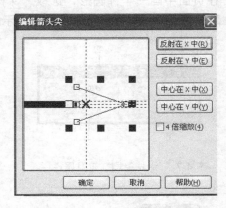

图 4-3　"编辑箭头尖"对话框

选择不同的箭头样式，画出带箭头的曲线，如图 4-4 所示。

（3）编辑轮廓、拐角及边缘的造型。

单击"样式"下拉箭头，弹出"预设轮廓样式"对话框，此对话框可选择轮廓样式，如图 4-5 所示，曲线的轮廓是不同的。

轮廓线的拐角及边缘造型有 3 种样式：尖角、圆角和方角，变化效果如图 4-6 所示。

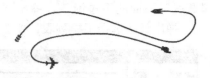

图 4-4　带箭头的曲线

图 4-5　轮廓样式

图 4-6　拐角及边缘造型

4.1.3.2 "涂抹笔刷"工具

"涂抹笔刷"工具 ✐，通过沿矢量对象的轮廓拖动该对象而使其变形，其属性栏如图 4-7 所示。

① 笔尖大小，设置涂抹毛刷笔尖的大小。

② 在效果中添加水分浓度，设置该参数决定了笔刷末端渐变的尺寸。输入负值可使笔刷渐渐变粗；输入 0 时，笔刷保持原来的尺寸；输入正值时，笔刷渐渐变细。

③ 使用笔斜移设置，设置该参数值可以调整笔刷倾斜的角度。

④ 使用笔旋转角度的设置，设置该参数可以控制笔刷旋转方向的角度。

使用方法如下：

在页面中画一个椭圆形，选取"涂抹笔刷"工具，选择一个合适的笔尖宽度。移动鼠标，随意进行涂抹，图形变成图 4-8 所示的样子。

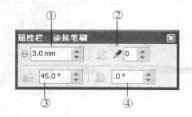

图 4-7　"涂抹笔刷"工具属性栏

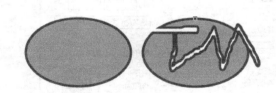

图 4-8　椭圆涂抹效果

必须先选取对象后才能执行"涂抹笔刷"工具，选取对象必须转化为曲线。一次只能选取一个对象进行操作，不能对群组对象产生作用。

4.1.3.3 "粗糙笔刷"工具

使用"粗糙笔刷"工具 ，在单独曲线对象的轮廓上涂抹，可以使选定对象的轮廓产生锯齿状的粗糙效果。其属性栏如图 **4-9** 所示。

① 笔尖大小，设置粗糙毛刷笔尖的大小。

② 输入尖突频率的值，设置该参数值可以控制粗糙产生的频率，设置数值越高，粗糙的程度越强烈。

③ 在效果中添加水分浓度，设置该参数值可以控制笔刷末端尺寸及频率渐变的程度。

④ 使用笔斜移，设置该参数可以控制粗糙笔刷振幅的大小。

⑤ 尖突方向，选择"自动"可以创建与路径或轮廓垂直的粗糙尖突效果；选择"笔设置"，在使用图形笔时改变粗糙尖突的方向；选择"固定方向"，可以指定粗糙尖突的方向。

⑥ 为关系输入固定值，当选择尖突方向为"固定方向"时，可以输入需要的方向，使粗糙按照指定的方向进行。

使用方法如下所述。

在页面中画一个椭圆形，选取"粗糙笔刷"工具，选择一个合适的笔尖宽度。移动鼠标，随意移动"粗糙笔刷"工具，图形变成图 **4-10** 所示的样子。

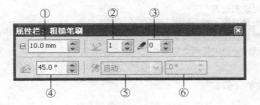

图 4-9　"粗糙笔刷"工具属性栏

图 4-10　粗糙笔刷使用效果

4.1.3.4 "自由变换"工具

"自由变换"工具 为用户调整对象的旋转角度、镜像、缩放和斜切操作，提供了更为便捷的操作方法。只需要在其属性栏中选择相应的变换模式，在绘图页面中单击即可固定锚点，拖动，即可对对象进行相应的自由变换操作。

选择"自由变换"工具 ，单击绘制的对象，此时属性栏为"自由变换"工具的属性栏，如图 **4-11** 所示。

图 4-11　"自由变换"工具属性栏

① "自由旋转工具"，可围绕固定点旋转选定对象。

② "自由角度镜像"工具，可沿经过锚点的虚线镜像选定对象。

③ "自由调节"工具，可同时沿着水平轴和垂直轴，相对于其锚点缩放对象来调整选定对象的大小。

④ "自由扭曲"工具，可相对于对象的锚点同时扭曲对象的水平线条和垂直线条。

⑤ 旋转中心位置，可以设置对象旋转中心点的位置。

⑥ 倾斜角度，设置对象的倾斜角度。

⑦ 应用到再制，启用该按钮，在变换对象时可以应用到再制图形。

⑧ 相对于对象，启用该按钮，变换或创建对象的坐标将以自身为基准，无论移动到任何位置，X、Y 轴的坐标始终为 0。

对象在自由变换过程中，若想复制对象，只需在操作过程中单击鼠标右键，就会将操作对象变换后的形状进行复制。

4.1.3.5 "裁剪"工具

单击工具箱中的"裁剪"工具 ，在展开的工具栏中提供了 4 种工具，通过这些工具可以对图形进行裁剪、拆分和擦除等操作，图 4-12 展示了裁剪展开工具栏。

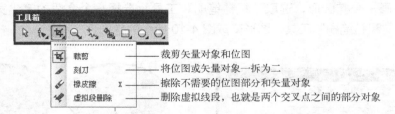

图 4-12　裁剪工具栏

"裁剪"工具是对图形、位图和线性等绘图元素进行裁剪，裁剪框外的物体被剪切掉。"裁剪"工具的属性栏如图 4-13 所示。

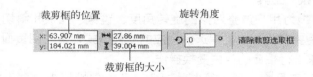

图 4-13　"裁剪"工具的属性栏

✧ 如有多个对象，剪切时会对先选取的对象进行裁剪。

✧ 对所有对象进行剪切时，要选取所有的对象或者一个都不选取。

✧ 双击裁剪框可进行裁剪。

✧ 拖出裁剪框时，单击属性栏上的"清除裁剪选取框"按钮或按键盘上的【Esc】键可以去除裁剪框，取消裁剪操作。

4.1.3.6 "刻刀"工具

利用"刻刀"工具 可以将完整的线形或矢量图形分割为多个部分。在 CorelDRAW

中还允许选择将一个对象拆分为两个对象，或者将它保持为一个由两个或多个子路径组成的对象。可以指定是否要自动闭合路径，或者一直使它们处于开放状态。

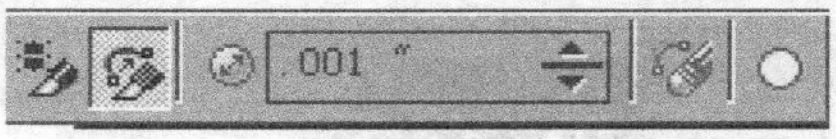

"刻刀"工具的属性栏如图 **4-14** 所示。

图 4-14　"刻刀"工具属性栏

①　"保留为一个对象"按钮 ：单击此按钮，可以使分割后的两个图形成为一个整体。若不激活 按钮，分割后的两个图形将会成为两个单独的对象。

②　"剪切时自动闭合"按钮 ：单击此按钮，将图形分割后，图形将会以分割后的图形分别闭合成两个图形。

使用方法如下所述。

选取椭圆，选择"刻刀"工具，单击"剪切时自动闭合"按钮，放到图形上刻刀呈垂直时表示可以进行切割，拖动刻刀，分割成两个对象，如图 **4-15** 所示。

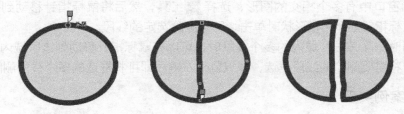

图 4-15　"刻刀"工具操作过程

绘制技巧

❖　刻刀形状呈垂直时表示可以进行裁切的操作。

❖　对象必须先选取才可以进行裁切。

❖　只对单一对象起作用，不能对群组对象起作用。

4.1.3.7　"橡皮擦"工具

"橡皮擦"工具可以很容易地擦除所选图形的指定位置。其对应的属性栏如图 **4-16** 所示。

①　"橡皮擦厚度" ：用于设置橡皮擦笔头的大小。

②　"擦除时自动减少"按钮 ：激活此按钮，在擦除图形时可以消除额外节点，以平滑擦除区域的边缘。

图 4-16　"橡皮擦"工具属性栏

③　"圆形/方形"按钮 ：设置橡皮擦的笔头形状。单击此按钮，"圆形"按钮将会变成"方形"按钮，此时擦除图形的笔头是方形的。再次单击 按钮时，"方形"按钮将变成"圆形"按钮，此时擦除图形的笔头是圆形的。

使用方法如下：

选择要进行擦除的图形，然后选择 工具（快捷键为【X】键），设置好笔头的宽度及形状后，将鼠标光标移动到选择的图形上，按下鼠标左键并拖曳，即可对图形进行擦除。另外，将鼠标光标移动到选择的图形上单击，然后移动鼠标光标到合适的位置再次单击，可对图形进行直线擦除。

必须先选取对象后才能执行擦除操作，一次只能选取一个对象进行。封闭式曲线执行擦除操作后，会形成封闭式曲线。不对能群组对象产生作用。

4.1.3.8 "虚拟段删除"工具

利用"虚拟段删除"工具 ⚡ 可以删除相交图形中两个交叉点之间或指定区域内的线段，从而使其产生新的图形形状。此工具没有属性栏，且对位图不起作用，也不能擦除文本，只能对矢量线条起作用。

使用方法如下所述。

确认绘图窗口中有多个相交的图形，选择 ⚡ 工具，然后将鼠标指针移动到想要删除的线段上，当鼠标指针显示为 ⚡ 形状时单击，即可删除选定的线段。

当需要同时删除某一区域内的多个线段时，可以将鼠标指针移动到该区域内，按下鼠标左键并拖曳，将需要删除的线段框选，释放鼠标左键后即可将框选的多个线段删除。

4.1.4 案例实现

绘制平面图框架步骤如下：

01 打开 CorelDRAW 软件，新建一空白文档，保存为"居室平面图.cdr"。

02 在绘图窗口的标尺上双击，弹出"选项"对话框，在左侧的选项栏中单击"辅助线"选项前面的"+"符号，展开其下级的目录，单击"水平"选项，在其右侧选项栏的上方文本框中输入"4200"，然后单击右侧的 添加(A) 按钮，即在绘图窗口中水平位置 4200mm 处添加一条水平辅助线，且"4200"数字显示在下方的列表框中。用相同的方法在"选项"对话框中依次设置图 4-17 所示的水平辅助线的参数。

03 在左侧的选项栏中单击"垂直"选项，在右侧的选项栏中依次添加图 4-18 所示的辅助线。

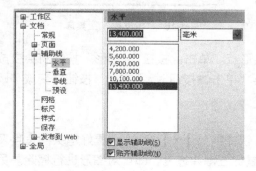

图 4-17 添加水平辅助线

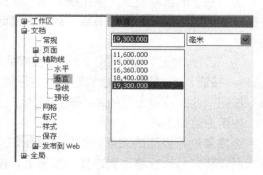

图 4-18 添加垂直辅助线

04 单击 确定 按钮，绘图窗口中添加的辅助线如图 4-19 所示。

图 4-19　添加辅助线的位置

05 选择菜单"视图"→"贴齐辅助线"命令，启动对齐辅助线功能。在工具栏选择"贝塞尔"工具 ，沿辅助线绘制房屋的外轮廓，如图 4-20 所示。

06 选择"轮廓笔"工具 ，弹出"轮廓笔"对话框，设置宽度为 220mm，单击 确定 按钮。设置轮廓笔宽度后的图形效果如图 4-21 所示。

07 再次选择 工具，弹出"轮廓笔"属性设置对话框，在其中勾选"图形"复选框，如图 4-22 所示。单击 确定 按钮，将弹出"轮廓笔"对话框，设置宽度为110mm。

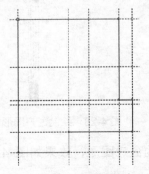

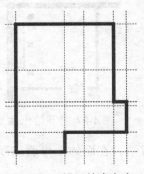

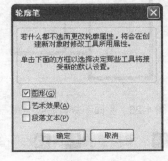

图 4-20　绘制房屋外轮廓　　　图 4-21　设置轮廓宽度　　图 4-22　"轮廓笔"属性设置对话框

08 选择"贝塞尔"工具 ，沿辅助线绘制出房屋的墙体，如图 4-23 所示。用与步骤 **07** 相同的方法，将轮廓笔的宽度恢复为默认的"发丝"设置。

09 选择"矩形"工具 ，绘制一个矩形，设置属性栏中 1,000.0 mm 的参数为1000mm，将绘制的矩形移动到图 4-24 所示的位置。

10 选择"虚拟段删除"工具 ✎，将鼠标移动到矩形中的线段上，当鼠标指针显示为 ✎ 形状时，单击即可删除此线段，效果如图 4-25 所示。

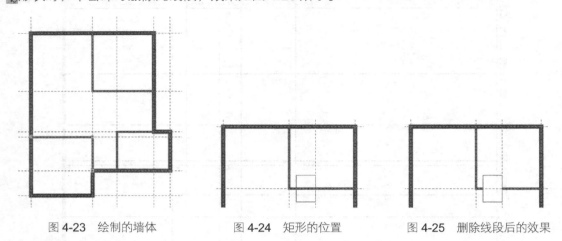

图 4-23 绘制的墙体　　　图 4-24 矩形的位置　　　图 4-25 删除线段后的效果

11 用与步骤 **09**、**10** 相同的方法，依次对门的位置进行裁剪，最后将作为辅助图形的矩形删除，效果如图 4-26 所示。

12 选择"矩形"工具 □，绘制一个矩形，设置属性栏中 $\updownarrow$ 1,800.0 mm 的参数为 1800mm，将绘制的矩形移动到图 4-27 所示的位置。

13 选择"虚拟段删除"工具 ✎ 将矩形中的线段删除，然后将矩形的宽度调整为 220mm，并与对齐。利用 □ 工具再绘制一个稍小的矩形，作为窗户，效果如图 4-28 所示。

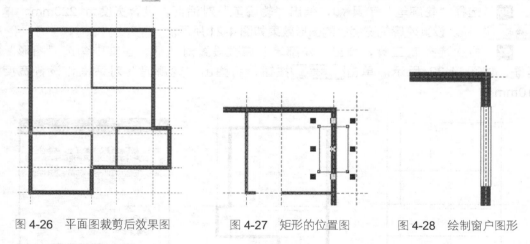

图 4-26 平面图裁剪后效果图　　图 4-27 矩形的位置图　　图 4-28 绘制窗户图形

14 用与步骤 **12**、**13** 相同的方法，在墙体上修剪出所有的窗户图形，效果如图 4-29 所示。

15 选择"椭圆"工具 ○，按住【Ctrl】键绘制一个直径为 2000mm 的圆形。单击属性栏中的 ○ 按钮，并设置 $\overset{.0}{90.0}$ 参数分别为 0 和 90，将圆形调整为弧形。然后选择 □ 工具，在弧形左侧绘制一个矩形与弧形组合成门的图形，如图 4-30 所示。

16 利用移动复制、旋转等操作，将绘制的门依次复制后放在合适的位置。再次利用 □ 工具绘制出推拉门，如图 4-31 所示。

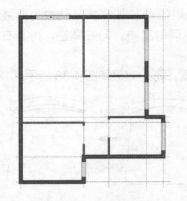

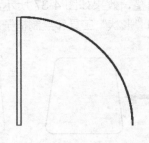

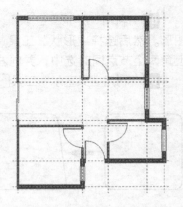

图 4-29　平面图绘制窗户后效果　　　　图 4-30　门的图形　　　　图 4-31　平面图门的位置

绘制沙发、椅子及其他家具图形步骤如下：

01　利用□工具及移动复制等操作，绘制沙发扶手，利用"虚拟段删除"工具 ✍ 将各矩形的相交线段删除，效果如图 4-32 所示。

02　再次利用□工具绘制矩形，在属性栏中将 [20] 的参数设置为 20，绘制出圆角矩形调整至图 4-33 所示的位置，利用"虚拟段删除"工具 ✍ 将两侧矩形中的线段删除，绘制的沙发图形如图 4-34 所示。

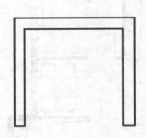

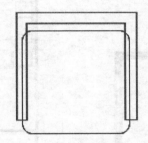

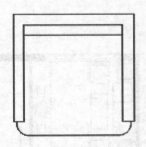

图 4-32　沙发扶手图形　　　　图 4-33　圆角矩形位置　　　　图 4-34　沙发图形

03　将绘制出的沙发图形全部选择并群组，调整至合适的大小，然后移动复制到如图 4-35 所示的位置。

04　利用"基本绘图"工具及移动复制等操作，绘制客厅中其他家具及家用电器，如图 4-36 所示。

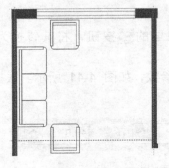

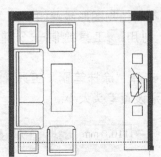

图 4-35　沙发摆放效果　　　　图 4-36　客厅其他家具、家用电器效果

05 利用"矩形"工具□绘制出圆角矩形，单击属性栏里的🔄按钮，将其转换为曲线图形。然后选择"形状"工具📐，将圆角矩形左上角两个节点同时选中，向右调整，再将右上角两个节点同时选中，并向左调整，效果如图 4-37 所示。

06 利用"贝塞尔"工具📐和"形状"工具📐绘制椅子靠背图形，效果如图 4-38 所示。

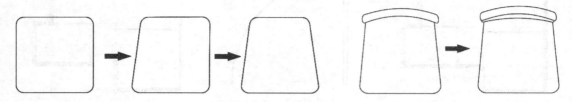

图 4-37　圆角矩形变形过程　　　　　　　　　图 4-38　椅子图形

07 用□工具绘制桌子图形，用旋转、移动复制和镜像等操作，依次摆放椅子图形，效果如图 4-39 所示。

08 用与上述步骤相同的方法，依次绘制出其他房间的家用电器图形，最终效果如图 4-40 所示。

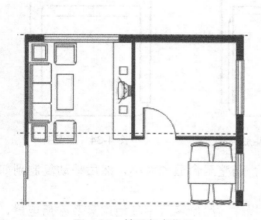

图 4-39　椅子餐桌位置　　　　　　　　　　图 4-40　家具及家用电器整体图形

绘制花和植物图形步骤如下：

01 利用◯工具绘制一个椭圆形，单击属性栏里的🔄按钮，将其转换为曲线图形。

02 选择"涂抹笔刷"工具🖊，设置属性栏中的参数，如图 4-41 所示。根据绘图大小，可灵活设置笔头大小。

图 4-41　"涂抹笔刷"工具属性栏

03　将鼠标移动到椭圆形中按下鼠标左键向外拖曳，即可对椭圆形进行涂抹，如图 4-42 所示。

04　依次将鼠标移动到椭圆形中按下鼠标左键向外拖曳，涂抹出图 4-43 所示的效果。

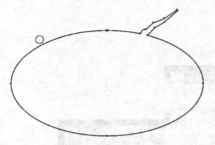

图 4-42　涂抹后效果

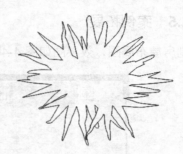

图 4-43　花图形轮廓

05　选择"填充"工具，在弹出的工具组中选择"渐变填充"工具，在弹出的"渐变填充"对话框中进行图 4-44 所示的设置，为图形填充后将轮廓线去除。

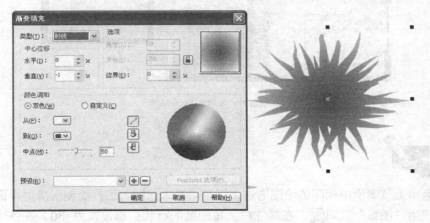

图 4-44　填充渐变色效果

06　利用工具绘制一个圆形，选择"手绘"工具并在圆形中绘制一条线段，然后选择"自由变换"工具，激活属性栏中的按钮，将鼠标移动到图形的中心位置按下鼠标左键并向右下方拖曳，旋转图形，移至合适的位置后，在不释放鼠标左键的情况下单击鼠标右键，复制出线形。然后按下【Ctrl+R】组合键重复复制线形，效果如图 4-45 所示。

07　利用"挑选"工具将 3 条线同时选择，用与步骤 **06** 相同的方法旋转复制，效果如图 4-46 所示。

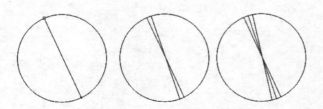

图 4-45　绘制圆并复制出线形

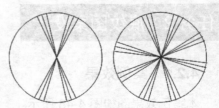

图 4-46　绘制植物图形

08 将绘制的植物图形全部选择并群组，移动复制到合适的位置。同样将花的图形做相同的操作。最终效果如图 4-1 所示。

09 按【Ctrl+S】组合键，将文件保存。

4.1.5 案例拓展

绘制房屋布局图，效果图如图 4-47 所示。

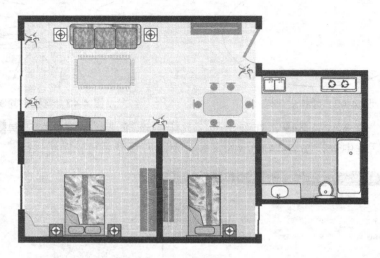

图 4-47 房屋布局效果图

01 运用上节案例中相同的绘图方法，运用"基本绘图"工具绘制出房屋平面图。

02 使用"图纸"工具 🔲，在属性栏上将图纸的行和列都设置为 30，在各个房间拖动鼠标，创建地板。

03 选中地板，单击工具箱中的"填充"工具 🖑，在展开条中单击 ▉ 均匀填充 工具，设置合适的颜色。

04 运用上节案例中相同的绘图方法绘制家具，然后单击工具箱中的"填充"工具 🖑，在展开条中单击 ▉ 图样填充 工具，为床和沙发选择合适的图案。

05 选择"艺术笔"工具 🖋，绘制花盆中的叶子。

06 按【Ctrl+S】组合键，将文件保存。

任务 2　底纹图案设计

4.2.1 案例效果

本案例效果图如图 4-48 所示。

图 4-48　底纹图案效果图

4.2.2　案例分析

本例制作一组底纹图案效果，通过各种绘图工具的使用，和对象移动、旋转、缩放和复制等操作，对图案进行变化。

4.2.3　相关知识

使用变换对象功能可以修改对象的形状和位置，其中包含了位置、旋转、缩放、镜像、大小和倾斜等。可以使用鼠标、自由变换工具、"变换"泊坞窗以及属性栏来实现变换对象的操作操作。

4.2.3.1　缩放与镜像变换

对选取对象进行放大、缩小或镜像的操作，数值以百分之百为基准。若数值大于 100%，表示放大，小于 100%，表示缩小，若要保持对象的长宽比例，可以取消"不按比例"复选框。若要执行镜像操作，只要单击"水平镜像"按钮或"垂直镜像"按钮即可。单击"应用到再制"按钮，会产生一个再制的对象，效果如图 4-49 所示。

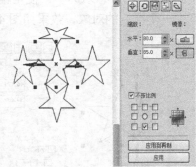

图 4-49　缩放与镜像变换

4.2.3.2　位置变换

每个对象创建时都有确定的坐标位置，可以通过移动或定位两种方式改变其位置。移动是指对象相对于当前位置的移动，而定位则是指将对象放置于某一固定位置处。两者区别在于，选取的参考对象不同，移动选取当前对象为参考对象，而定位是以页面坐标为基础。

通过"挑选"工具可以方便地移动对象，但精度不够高，利用状态栏的相对位置可以提高交互式移动对象的精确程度。

通过"位置"泊坞窗也可以精确地移动对象，如图 4-50 所示。

4.2.3.3 旋转变换

在"旋转"泊坞窗中可以设定旋转中心的位置与角度，通过数值的设定，可以精确将对象旋转成任意角度。旋转对象时，可以选择是否按照"相对中心"（以选取对象本身）为基准来旋转。若取消"相对中心"复选框，则以绝对位置为中心点位置。单击"应用到再制"按钮，以同样旋转角度产生一个再制对象，效果如图 4-51 所示。

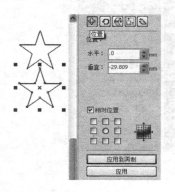

图 4-50 位置变换

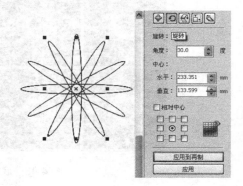

图 4-51 旋转变换

4.2.3.4 大小变换

使用"大小"泊坞窗可以直接改变图像的大小尺寸。通过数值的设定，可以精确调整对象大小，若要保持对象的比例，可以取消"不按比例"复选框，单击"应用到再制"按钮，会产生一个再制的对象，效果如图 4-52 所示。

4.2.3.5 倾斜变换

对图像进行倾斜的操作，通过数值的设定，可以精确地倾斜对象。若要在倾斜时设定锚点（即基准点），必须选中"使用锚点"复选框才能进行设置，单击"应用到再制"按钮，会产生一个再制的对象，效果如图 4-53 所示。

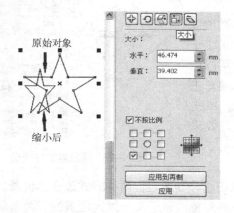

图 4-52 大小变换

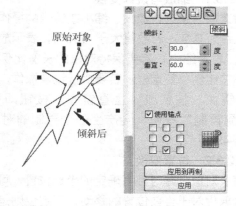

图 4-53 倾斜变换

4.2.3.6 复制

复制图形的命令主要包括"剪切"、"复制"和"粘贴"。其操作过程为：首先选择要复制的图形，再通过执行"剪切"或"复制"命令将图形暂时保存到剪贴板中，然后再通过执行"粘贴"命令，将剪贴板中的图形粘贴到指定的位置。

◇ 执行"编辑"→"剪切"命令（或按【Ctrl+X】组合键），可以将当前选择的图形剪切到剪贴板中，绘图窗口中的原图形被删除。

◇ 执行"编辑"→"复制"命令（或按【Ctrl+C】组合键），可以将当前选择的图形复制到剪贴板中，绘图窗口中的原图形保持原来的状态。

◇ 执行"编辑"→"粘贴"命令（或按【Ctrl+V】组合键），可以将剪切或复制到剪贴板中的内容粘贴到当前的图形文件中。

剪贴板是剪切或复制图形后计算机内虚拟的临时存储区域，每次剪切或复制都是将选择的对象转移到剪贴板中，此对象将会覆盖剪贴板中原有的内容，即剪贴板中只能保存最后一次剪切或复制的内容。

4.2.4　案例实现

01 打开 CorelDRAW 软件，新建一空白文档，保存为"底纹图案.cdr"。

02 选择"矩形"工具□，绘制一个矩形，设置属性栏 155.0 mm 155.0 mm 长和宽均为 155mm。然后选择 均匀填充 工具，打开"均匀填充"对话框，设置颜色为 C=100、M=100，单击"确定"按钮，填充矩形为深蓝色，如图 4-54 所示。

03 选中矩形，选择"轮廓笔"工具，在打开的对话框中设置颜色为 K=50，宽度为 2.0mm，样式为连续直线，接着按【Ctrl+L】组合键将其锁定，如图 4-55 所示。

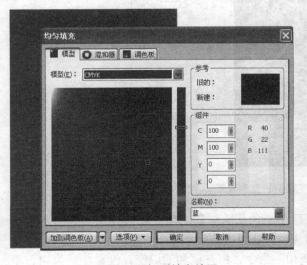

图 4-54　矩形填充效果

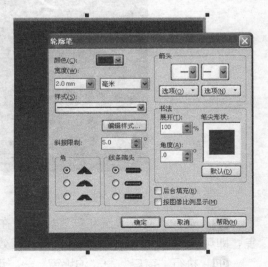

图 4-55　矩形加轮廓后的效果

04 选择"贝塞尔"工具，在页面多处单击以建立控制点，拖曳控制点得到曲线，重复操作绘制花纹图案对象。选择"形状"工具单击选中控制节点以调整图形，效果如图 4-56 所示。

05 选择"渐变填充"工具 ，在弹出的"渐变填充"对话框中设置类型为射线，颜色调和为自定义，渐变条上方的滑块颜色从左至右依次为："M=100、Y=100"、"M=60、Y=100"、"M=25、Y=90"、"Y=40"、"Y=20"。单个花纹图案的效果如图 4-57 所示。

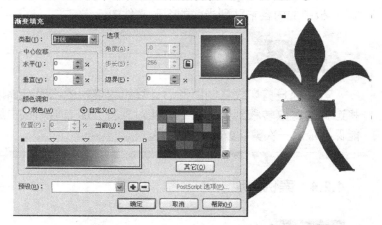

图 4-56　花纹图案形状 　　　　　　　　　图 4-57　单个花纹图案填充效果

06 选中花纹图案，执行"窗口"→"泊坞窗"→"变换"→"旋转"命令，打开"旋转"泊坞窗，设置角度 90°，将旋转中心设置到矩形中心，单击"应用到再制"按钮 3 次，效果如图 4-58 所示。

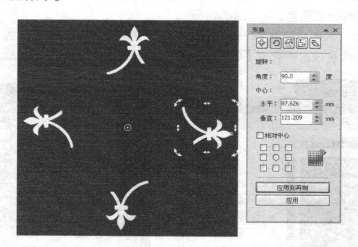

图 4-58　花纹旋转复制效果

07 选择"交互式调和"工具，在其中一个花纹对象上单击鼠标并向另一个对象拖曳，即可以得到两个对象之间的图形交互效果，如图 4-59 所示。

08 执行"窗口"→"泊坞窗"→"调和"命令，打开调和泊坞窗，设置步长为 4，单击"应用"按钮，效果如图 4-60 所示。

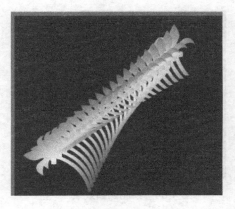

图 4-59　两个花纹调和效果

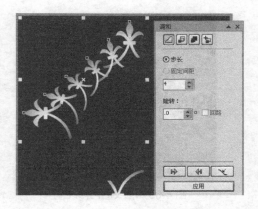

图 4-60　调和步长设置后效果

09　用于步骤 **07**、**08** 相同的方法制作另 3 个对象之间的调和效果，并且将其步长都设置为 4，整个图案的大致形态就出来了，图案和底色之间形成了对比，如图 4-61 所示。

10　执行"排列"→"打散 8 元素的复合对象"命令，将调和效果分解，执行"排列"→"取消全部群组"命令，将花纹图案打散为单一的图形。

11　选中其中一个调和的个体对象，选择"渐变填充"工具 **渐变填充**，在弹出的"渐变填充"对话框中设置类型为射线，颜色调和为自定义，渐变条上方的滑块颜色从左至右依次为："C=100、M=100"、"C=48、M=8、Y=30"、"C=72、M=8、Y=23"、"C=67、M=4、Y=37"、"C=45、M=2、Y=29"，设置"中心位移"中水平为−1%，垂直为−10%。单个花纹图案改变了填充颜色，效果如图 4-62 所示。

图 4-61　全部花纹调和效果

图 4-62　单个花纹改变颜色效果

12　选择"滴管"工具 ✎，在前面制作的蓝色渐变图案上单击以吸取样本颜色，按【Shift】键切换到"填充"工具，在另一个图案上单击以填充吸取的颜色，用相同的方法制作其他对象的渐变色，如图 4-63 所示。

13　选择"椭圆"工具 ○，按住【Ctrl】键在图案中间拖曳绘制一个正圆形，然后选择"轮廓笔"工具 ✎，在打开的"轮廓笔"对话框中设置颜色为 C=60、Y=20，宽度为 1.5mm，样式为连续直线，效果如图 4-64 所示。

图 4-63　花纹颜色修改

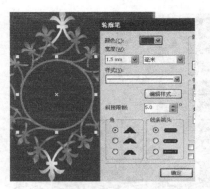

图 4-64　绘制正圆效果

14　复制前面填充为黄色渐变色的图案对象，调整大小后将其移动到圆形的边缘，为制作中心图案做准备，如图 4-65 所示。

15　继续单击花纹图案，执行"窗口"→"泊坞窗"→"变换"→"旋转"命令，打开"旋转"泊坞窗，设置角度为 15°，将旋转中心设置到圆形中心，单击"应用到再制"按钮若干次，制作中心图案，如图 4-66 所示。

图 4-65　复制图案至圆形边缘

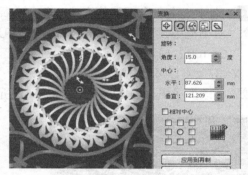

图 4-66　旋转复制制作中心图案

16　选择"椭圆"工具 ◯，按住【Ctrl】键在图案中间拖曳绘制一个正圆形，为花纹添加花蕊。单击调色板 ■ 填充橘红色，用鼠标右键单击调色板中的 ⊠ 去掉轮廓色，如图 4-67 所示。

17　用前面介绍的方法，制作 4 个角的花纹图案，效果如图 4-68 所示。

图 4-67　花蕊添加效果

图 4-68　4 个角花纹图案效果

18　选中图形，执行"窗口"→"泊坞窗"→"变换"→"位置"命令，打开"位置"泊坞窗，在相对位置中设置右中，单击"应用到再制"按钮多次，得到一行的图形。选中所有图形，按【Ctrl+G】组合键将其群组，再次打开"位置"泊坞窗，将图形向下复制，效果如图 4-69 所示。

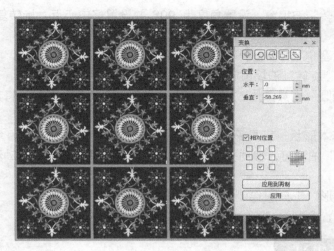

图 4-69　花纹移动复制效果

19　按【Ctrl+S】组合键，将文件保存。

4.2.5　案例拓展

设计一个花纹图案，效果如图 4-70 所示。

图 4-70　花纹图案效果

01　使用"基本形状"工具 绘制心型图形，执行"排列"→"转化为曲线"命令，将其转化为曲线。

02　使用"形状"工具 选择图形最上方两个节点，选择属性栏中的"断开曲线"图

标 ┡╍┥ ，将此段曲线分离，再选择属性栏中的 "提取子路径" 图标 ╳ ，最后将分离出来的曲线删除。

03 使用 "螺纹" 工具 ◎ ，将螺纹回圈数设置为 2，绘制出螺纹图形，与步骤 **02** 中的图形焊接在一起。

04 利用 "旋转" 泊坞窗，设置角度为 90° 并设置好中心点，旋转复制出其他 3 个心形图案。

05 使用 "贝塞尔" 工具 ╲ 和 "自由变换" 工具 ╳ 制作拐角图形，填充合适的颜色，去除轮廓线。使用 "旋转" 泊坞窗制作出其他 3 个图案。

06 使用 "椭圆" 工具 ○ 和 "填充" 工具 ◇ 制作黄色花形图案，将其旋转、移动和复制到合适位置。

07 使用 "基本形状" 工具 ☺ 中的形状 ◠ 绘制出图案的一个花边，填充颜色并去掉轮廓线。利用 "位置" 泊坞窗，移动复制出整条花边，最后使用旋转、移动和复制等操作制作其他 3 条花边。

08 使用 "矩形" 工具 □ 绘制矩形图案，填充渐变色。

09 保存文件，命名为 "花纹图案.cdr"。

任务 3 春联设计

4.3.1 案例效果

设计一副春联，效果如图 4-71 所示。

图 4-71 春联效果

4.3.2 案例分析

本案例主要使用对象的组织和管理，及对象的修剪、焊接和结合等命令，运用这些知识点绘制具有剪纸效果的春联图形。

4.3.3 相关知识

CorelDRAW 中提供了图形的焊接、修剪、相交、简化和结合等功能，可以将多个对象创建成一个新图形对象，编辑方式是通过图形的加减运算而得到新的图形。

选择"排列"菜单下的"造形"命令，可打开"造形"命令的子菜单；或选择"窗口"菜单下的"泊坞窗"子菜单下的"造形"命令，可打开"造形"泊坞窗，泊坞窗中的选项和菜单中的命令是一样的，但是图形化了，更加直观。

4.3.3.1　焊接对象

焊接对象是指将多个相互重叠或相互分离的对象进行结合成为一个单一对象。该对象使用被焊接对象的边界为其轮廓，所有交叉的线条都将消失。对于重叠的对象，创建的对象将只有一个轮廓；对于不重叠的对象将形成一个焊接群组。

操作方法如下：

（1）选取需要焊接的对象圆形，在"造形"泊坞窗中选择"修剪"选项。

（2）单击"焊接到"按钮，再单击星形对象，完成焊接操作，效果如图 **4-72** 所示。

图 4-72　对象焊接

4.3.3.2　修剪对象

对象的修剪是将目标对象的（即被修剪的对象）覆盖或被其他对象覆盖的部分清除来产生新的对象，新对象的属性与目标对象一致。

操作方法如下：

（1）选中需要修剪的对象，在"造形"泊坞窗中选择"修剪"选项。

（2）单击"修剪"按钮，单击星形对象，完成修剪操作，效果如图 **4-73** 所示。

图 4-73　对象修剪

4.3.3.3　相交对象

相交可以对一个或多个来源对象（群组对象或合并对象均可）进行操作，使其与目标对象相交，重叠的部分成为一个单一对象，其属性取决于目标对象。

操作方法如下：

（1）选取需要相交的对象星形，在"造形"泊坞窗中选择"相交"选项。

（2）单击"相交"按钮，再单击圆形对象，完成相交操作，效果如图 4-74 所示。

图 4-74　对象相交

4.3.3.4　简化对象

简化可以对两个或多个对象（群组对象或合并对象均可）进行结合，重叠的部分被删除。对 3 个前后排列的圆形执行简化操作后，效果如图 4-75 所示，简化后的图形移动了位置并填充了颜色。

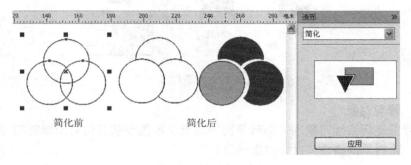

图 4-75　对象简化

4.3.3.5　对象对齐与分布

1．对象的对齐

选择"排列"菜单下的"对齐和分布"命令，弹出"对齐和分布"对话框，可以通过对话框中的对齐选项卡，设置不同类型的对齐方式，在水平方向或垂直方向中选择一种对齐方式，其中水平方向对齐方式有左、中、右 3 种，垂直方向对齐方式有上、中、下 3 种，效果如图 4-76 所示。

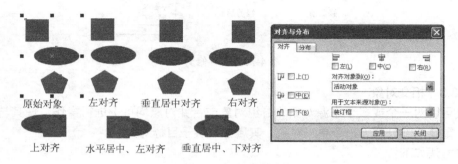

图 4-76　对象对齐效果

2．对象的分布

分布是指使多个对象均匀分布在水平方向或垂直方向的操作。在"对齐和分布"对话框中，切换到另一个选项卡——分布选项卡，可以完成分布的操作。

在"分布到"选区中，有两种不同的分布方式，分别为选定的范围和页面的范围方式。在水平方向上分布对象有左、中、间距和右 4 个选项，在垂直方向上分布对象有上、中、间距、下 4 个选项，可按要求选择最合适的分布方式，效果如图 4-77 所示。注意虚线的位置，1 是不平方向左对齐，2 是水平方向中对齐，3 是垂直方向上对齐，4 是垂直方向中对齐。

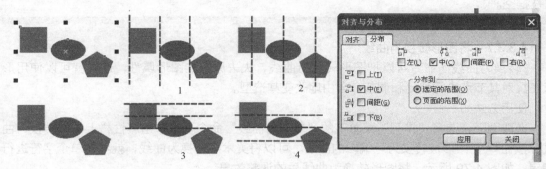

图 4-77　对象分布效果

在各对齐命令中，软件默认的是对齐最后选择的对象。

对齐时可以复选水平和垂直的选项。

4.3.3.6　群组与结合对象

1．群组

使用"群组"命令可以将多个不同的对象结合在一起，作为一个整体来统一控制及操作。

群组的使用方法：

① 选定要进行群组的所有对象。

② 单击菜单命令"排列"→"群组"（组合键【Ctrl+G】）；或单击属性栏中的"群组"按钮，即可群组选定的对象。

③ 群组后的对象作为一个整体，当移动或填充某个对象的位置时，群组中的其他对象也将被移动或填充。

注意：群组后的对象作为一个整体还可以与其他的对象再次群组。单击属性栏中的"取消群组"按钮 和"取消所有群组"按钮，可取消选定对象的群组关系或多次群组关系。

2．结合

使用"结合"功能可以把不同的对象合并在一起，完全变为一个新的对象。如果对象在结合前有颜色填充，那么结合后的对象将显示最后选定的对象（目标对象）的颜色，重叠部分镂空。选择"排列"→"结合"命令或单击属性栏的"结合"按钮 ，即可进行结合对象，如图 4-78 所示。

> 群组只是图形和图形之间简单地组合到一起，其图形本身的形状和属性并不会发生任何变化。结合是图形和图形连接为一个整体，其形状和属性都会发生变化，重叠部分被挖空。

4.3.3.7 将图形转换为曲线

"转换为曲线"命令可以把图形转化为曲线，失去原有的图形属性，这样就可以使用形状工具对其节点进行移动和调节，自由地改变其造型。

使用方法如下：

选取图形，选择"排列"菜单下的"转换为曲线"命令，或单击属性栏上的"转换为曲线"按钮 ⊙，图形被转换为可编辑的曲线。可以将美术字转换为曲线，就可对单个字符进行编辑。如图 4-79 所示，将图形转换为曲线后的调整效果。

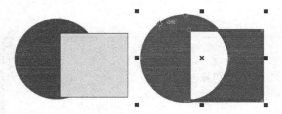

图 4-78　对象结合效果图

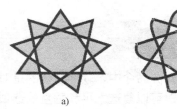

图 4-79　图形转换为曲线后可调整形状
a) 转换曲线　b) 转换后的效果

4.3.3.8 将轮廓转换为对象

"将轮廓转换为对象"命令可以把轮廓图形转换为对象图形。由于图形的轮廓只能变换宽度和颜色，而不能进行更多的编辑，当选择了"排列"菜单下的"将轮廓转换为对象"命令后，轮廓就可以从图形中分离出来，成为了图形对象，这样就可以对其进行各种操作了，如图 4-80 所示。

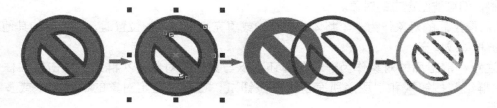

图 4-80　轮廓转换为对象

4.3.4　案例实现

01 打开 CorelDRAW 软件，新建一空白文档，保存为 "春联.cdr"。

02 选择 "矩形" 工具■■，绘制一个矩形，并将图形填充为红色。按【Ctrl+C】组合键复制，再按【Ctrl+V】组合键粘贴两个大小完全相同的矩形，如图 4-81 所示。

03 调整 3 个矩形的位置，选中一个矩形，在属性栏中设置旋转角度为 90° ，然后选中一横一竖两个矩形，执行 "排列" → "对齐与分布" 命令，打开 "对齐与分布" 对话框，进行设置后得到图 4-82 所示的效果。

图 4-81　绘制 3 个矩形

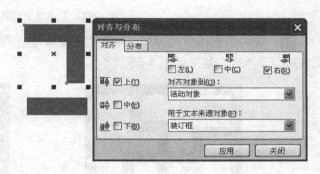

图 4-82　两个矩形的对齐效果

04 移动第 3 个矩形，与竖状矩形进行位置调节，在 "对齐与分布" 对话框中进行设置，效果如图 4-83 所示。

图 4-83　3 个矩形的对齐效果

05 选中 3 个矩形，按【Ctrl+G】组合键群组图形，执行 "窗口" → "泊坞窗" → "变换" → "旋转" 命令，打开 "旋转" 泊坞窗，设置角度为 90° ，中心点为右上，单击 "应用到再制" 按钮 3 次，得到图 4-84 所示的图形。

06 选择 "矩形" 工具■■，绘制一个正方形，移动到图案中心，填补图案的中心空白，调整该矩形的宽度，使其围绕所绘图形的四周，效果如图 4-85 所示。

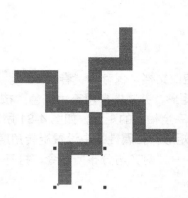

图 4-84　图形复制旋转效果

07　选中所有绘制的图形，在属性栏上单击"焊接"按钮 ，将所有图形焊接起来呈现传统万字图样，效果如图 **4-86** 所示。

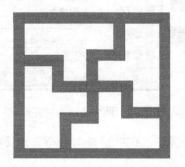
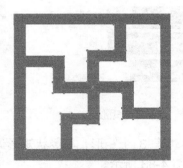

图 4-85　绘制矩形填补图形中心　　　　　图 4-86　所有图形焊接效果

08　选择万字图样，执行"窗口"→"泊坞窗"→"变换"→"位置"命令，打开泊坞窗，设置复制中心为右面的中心点，单击"应用到再制"按钮 **3** 次，复制 **3** 个图形，选中 **4** 个图形单击"焊接"按钮 ，将图形焊接在一起，效果如图 **4-87** 所示。

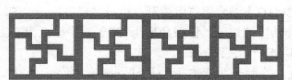

图 4-87　移动复制万字图形效果

09 选中步骤 **08** 中完成的图形，再次执行"窗口"→"泊坞窗"→"变换"→"位置"命令，打开泊坞窗，设置复制中心为下面的中心点，单击"应用到再制"按钮 3 次，然后选中 4 个图形单击焊接按钮 🔲，将图形焊接在一起，效果如图 4-88 所示。

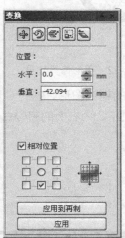

图 4-88　移动复制图形效果

10 选择"矩形"工具 🔲，再绘制两个矩形，一个填充为红色一个填充为白色，然后将它们跟步骤 **09** 中绘制的图案组成一个整体，按【Ctrl+G】组合键群组，效果如图 4-89 所示。

11 选择"椭圆"工具 🔘，绘制一大一小两个同心圆，选中这两个圆，单击属性栏上的修剪按钮 🔲，填充红色，去除轮廓线，效果如图 4-90 所示。选择"贝塞尔"工具 🖊，绘制一个菱形，如图 4-91 所示。

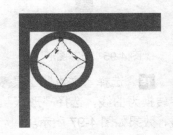

图 4-89　图案组合效果　　　　图 4-90　绘制圆环效果　　　　图 4-91　绘制菱形效果

12 复制菱形边框，将其等比例缩小，得到图 4-92 所示的效果，将两个菱形同时选中，单击属性栏上的修剪按钮 🔲，然后填充红色，去除轮廓线，绘制出铜钱效果如图 4-93 所示。

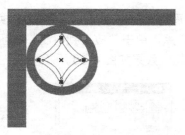

图 4-92　菱形修剪效果　　　　　　　　　　图 4-93　菱形图案填充效果

13　选中绘制的铜钱图形，执行"窗口"→"泊坞窗"→"变换"→"位置"命令，打开泊坞窗，设置复制中心为右面的中心点，单击"应用到再制"按钮复制 4 个，效果如图 4-94 所示。

图 4-94　铜钱图形复制效果

14　选择"贝塞尔"工具 ，绘制流苏花边图形，填充为红色，图形效果如图 4-95 所示。使用步骤 **13** 相同的方法复制出多个花边，效果如图 4-96 所示。

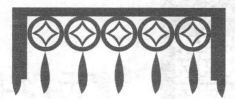

图 4-95　流苏图形　　　　　　　　　　　　图 4-96　流苏图形复制效果

15　选择"文本"工具 字，输入"春"字，执行"排列"→"转换为曲线"命令将文字转换为曲线，选择"形状"工具 ，调整春字形状为剪纸状，最后填充红色并去除轮廓线，效果如图 4-97 所示。

图 4-97　春字图形效果

16 选择"椭圆"工具 ⬭ 并按住【Shift】键在春联中间绘制一个正圆，将绘制好的"春"字图形移动到正圆图形之上，调整好大小，将两者同时选中，单击属性栏的"修剪"按钮 ⬔，得到的效果如图 4-98 所示。

图 4-98 春联效果

17 将春联图形复制一个，填充绿色，按【Ctrl+S】组合键，将文件保存。

4.3.5 案例拓展

设计一个夏季时卖西瓜的POP广告，效果如图4-99所示。

图 4-99 西瓜 POP 广告

01 使用"椭圆"工具 ⬭ 和"形状"工具 ⬚，绘制西瓜皮图形，打开"均匀填充"对话框，将其颜色填充为墨绿色。

02 将西瓜皮中的纹理填充为黑色，再使用"交互式变形"工具 ⬚，选中纹理，单击属性栏中的"拉链变形"图标 ⬚，在纹理上拖鼠标绘制出纹理图形。

03 使用"修剪"工具，修剪出西瓜皮中白色部分，再单击"手绘"工具 ，绘制一条闭合曲线作为西瓜肉，并为其填充红色。

04 单击"文本"工具 字 ，输入"西瓜"两字，执行"排列"→"转换为曲线"命令，将文字转换为曲线，再执行"排列"→"分离"命令，将文字打散。

05 选择"形状"工具 ，编辑文字节点，修改西瓜两字的形状，为其填充红色并去除轮廓线。

06 复制西瓜文本，取消颜色填充，设置轮廓颜色为粉色，将轮廓与文字位置合理放置。

07 再次选择"文本"工具 字 ，输入"清凉"，设置字体为"文鼎火柴体"，为其填充青色并去除轮廓线。

08 复制文本，打开"均匀填充"对话框，为其填充较近浅的青色，将两组文字的位置合适放置并组合在一起。

09 选择"基本形状"工具 ，在其属性栏中选择图形 ，执行"排列"→"转换为曲线"命令，使图形转换为曲线，使用"形状"工具编辑节点，绘制西瓜籽形状。

10 将西瓜籽图形填充黑色，然后将图形复制若干，缩小并旋转一定角度，放置到西瓜肉图形和西瓜文本上。

11 保存文件，命名为"西瓜 POP 广告.cdr"。

项 5 目

CorelDRAW 交互
特效与文本工具

教学目标

- ❖ 熟练掌握"交互式调和"工具的使用。
- ❖ 熟练掌握"交互式轮廓图"工具的使用。
- ❖ 熟练掌握"交互式变形"工具的使用。
- ❖ 熟练掌握"交互式阴影"工具的使用。
- ❖ 熟练掌握"交互式封套"工具的使用。
- ❖ 熟练掌握"交互式立体化"工具的使用。
- ❖ 熟练掌握"交互式透明"工具的使用。
- ❖ 熟悉相应"交互式"工具的效果及其特效应用。

任务 1　人物插画设计

5.1.1　案例效果

本案例学习人物插画的设计制作方法，人物插画设计效果如图 5-1 所示。

图 5-1　人物插画设计效果

5.1.2　案例分析

通过对人物插画效果图的分析，该案例中利用"钢笔"工具绘制人物轮廓，利用"交互式调和"工具和"交互式透明"工具绘制人物面部丰富真实效果，利用"交互式轮廓图"工具制作背景、"交互式封套"工具设计标题。

5.1.3　相关知识

5.1.3.1　"交互式调和"工具

"交互式调和"工具 ，可以创建出两个对象之间产生的过渡效果，即将一个对象的外形、轮廓色和填充色过渡成另一个对象。调和方式有：直线调和、路径调和和复合调和。直线调和就是两个物体间直线过渡，路径调和是两个物体按照建立好的非直线路径过渡，复合调和是对两个以上的对象进行直线调和。

1．直线调和的绘制方法

✧ 绘制一个正方形和一个五角星形，填充不同的填充色和轮廓色。

✧ 选择工具箱中的 "交互式调和" 工具 ，单击正方形，按住鼠标左键不放，拖曳鼠标到五角星形松开鼠标左键，完成直接调和效果，如图 5-2 所示。

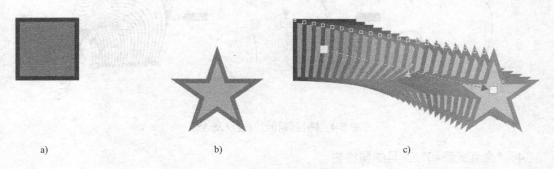

图 5-2　直线调和绘制效果

2．路径调和的绘制方法

✧ 在工具栏选择任一曲线绘制工具，如 "钢笔" 工具，绘制一条曲线。

✧ 选择以上直线调和对象组，单击 "交互式调和" 工具属性栏中的 "路径属性" 按钮 ，选择下拉菜单中的新路径，待鼠标变成粗箭头后，将鼠标移动到曲线上。

✧ 在曲线上单击，调和对象组沿路径调和。如果调和对象组没有完全分布于曲线上，可选择 "杂项调和项目" 按钮 ，在其下拉菜单中选择 "沿全路径调和" 选项，即可绘制出路径调和效果，如图 5-3 所示。

图 5-3　路径调和绘制效果

3．复合调和的绘制方法

✧ 在画面中绘制 3 条曲线，并为曲线设置不同的轮廓色。

✧ 选择工具箱中的 "交互式调和" 工具 ，单击第一根曲线，按住鼠标左键不放，拖曳鼠标左键到第二根曲线松开鼠标，完成直接调和效果。

✧ 从第二根曲线处单击鼠标，按住鼠标左键不放，拖曳鼠标左键到第三根曲线松开鼠标左键，完成复合调和效果。绘制过程及效果如图 5-4 所示。

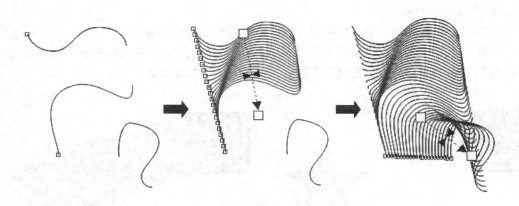

图 5-4　路径调和绘制过程及效果

4．"交互式调和"工具的属性栏

"交互式调和"工具的属性栏如图 5-5 所示。

图 5-5　"交互式调和"工具属性栏

"预设列表"选项：在该下拉列表中有多种已设定好的调和效果供选择。

"步长或调和形状之间的偏移量"选项：可设定所需的调和步数，即调和过渡图形的个数。还可设定过滤对象间的距离。

"调和方向"选项：可以设定所需的调和角度，即一个对象过渡到另一个对象的旋转角度。图 5-6 所示为设置不同角度的对比效果。

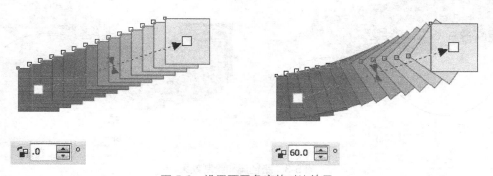

图 5-6　设置不同角度的对比效果

"环绕调和"按钮：当"调和方向"框中输入具体角度，该按钮才成活动状态，单击该按钮可设定两个调和对象之间围绕调和中心旋转中间的对象。

"直接调和"按钮、"顺时针调和"按钮、"逆时针调和"按钮：单击"直接调和"按钮可以按照直接渐变的方式填充中间对象，单击"顺时针调和"按钮可以按照色环中的色彩序列顺时针方向填充中间对象，单击"逆时针调和"按钮可以按照色环中的色彩序列逆时针方向填充中间对象。

"对象和颜色加速"按钮 ：通过拖动滑块可以对渐变路径上的图形和颜色分布进行调整，单击按钮可单独调整图形或者颜色的分布情况。

"加速调和时大小调整"按钮 ：可以调整调和加速时影响中间图形大小的程度。

"杂项调和项目"按钮 ：在其下拉菜单中可选择所需的按钮来映射节点和拆分调和中间的对象。如果选择的调和对象是沿新路径进行调和的，则"沿全路径调和"选项和"旋转全部对象"选项为活动状态。

"映射节点"：选择该命令可以在已调和的两个对象中选择要进行映射的节点，以使它们进行调和。设置不同映射节点的对比效果如图 5-7 所示。

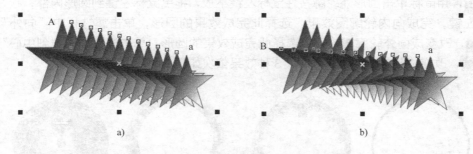

图 5-7　设置不同映射节点的对比效果

"拆分"：选择该命令可以对调和对象进行拆分。

"熔合始端与熔合末端"：可以熔合复合调和中的起始对象或结束对象。

"沿全路径调和"：如果选择的调和对象是沿一条新路径进行调和的，则该按钮呈可用状态。执行该命令，可以将该调和对象沿新路径进行调和，并完全适合分布于新路径。

"旋转全部对象"：如果选择的调和对象是沿一条新路径进行调和的，则该按钮呈可用状态。执行该命令，可以将该调和对象沿新路径进行旋转。

"起始和结束对象属性"按钮 ：在其下拉菜单中可以重新选择或显示调和的起点或终点。"新起点"：执行该命令，可以在文件中选择调和对象的新起点。"显示起点"：执行该命令，可以在调和对象中显示起点。"新终点"：执行该命令，可以在画面中选择调和对象的新终点。"显示终点"：执行该命令，可以在调和对象中显示终点。

"路径属性"按钮 ：单击该按钮，可以使原调和对象依附在新路径上，具体操作步骤前面已经作过介绍，这里不再重复。

"复制调和属性"按钮 ：单击该按钮可以将一个调和对象的属性复制在所选的对象上。

"清除调和"按钮 ：单击该按钮可以将所选的调和对象所运用的调和效果清除。

✧ 在使用"交互式调和"工具后，两个对象产生的调和，可以被看做是一个特殊的有关联的对象组，这个组里面的所有对象都被源对象和目标对象的形状、颜色和位置等控制，不能独立。当我们不需要这种约束的时候就可以使用"打散调和组"来使之变成普通的对象组，可以将调和对象组中某个对象分离出来。具体操作方法是：用鼠标左键单击选中调和对象组，用鼠标右键单击选择"打散调和群组"（Ctrl+K），单击空白处，再用鼠标左键单击选中对象，用鼠标右键单击选择"取消群组"（Ctrl+U）。此后调和对象组中每个对象都是独立对象，可以单独选中。

5.1.3.2 "交互式轮廓图"工具

"交互式轮廓图"工具◙，主要用于单个图形的中心轮廓线，形成以图形为中心渐变朦胧的边缘效果，主要包括到中心、向内、向外 3 种形式。

1．制作交互式轮廓效果

❖ 在画面中绘制任何一种形状如圆形。

❖ 选择"交互式"工具组中的"交互式轮廓"工具◙，单击属性栏中"向内"按钮
◙，用鼠标单击圆形外轮廓按住鼠标左键不放，拖曳鼠标左键到圆形内部，松开鼠标左键，完成向内轮廓图效果。选择此完成效果的圆形，单击属性栏中"向外"按钮
◙，改变成向外轮廓图效果。选择此完成效果的圆形，单击属性栏中"到中心"按钮
◙，改变成到中心轮廓图效果。3 种效果依次如图 5-8b ~ 图 5-8d 所示。

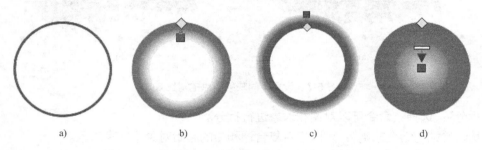

a)　　　　　　b)　　　　　　c)　　　　　　d)

图 5-8　交互式轮廓向内、向外、到中心效果

2．"交互式轮廓图"工具的属性栏

"交互式轮廓图"工具的属性栏如图 5-9 所示。

图 5-9　"交互式轮廓图"工具属性栏

"轮廓图类型"按钮◙◙◙：选择该按钮可以使对象轮廓分别向内、向外或向中心推移变化。分别是"到中心"◙、"向内"◙、"向外"◙。

"轮廓图步长"数值框◙41：当在属性栏中选择"轮廓图类型"按钮时它才可用，在数值框中可以输入所需的步长值，决定轮廓图的数量。

"轮廓图偏移"数值框◙1.025 mm：在数值框中可以输入所需的偏移值可决定轮廓之间的宽度。

轮廓图类型按钮◙◙◙：可以改变轮廓图颜色。单击"线性轮廓图颜色"按钮可以按照直接渐变的方式填充中间对象轮廓，单击"顺时针轮廓图颜色"按钮可以按照色环中顺时针方向填充中间对象轮廓，单击"逆时针轮廓图颜色"按钮可以按照色环中逆时针方向填充中间对象轮廓。

轮廓图颜色设置按钮◙◙◙◙：如轮廓色、填充色与渐变填充结束色。

"速度"面板◙：可以在其中设置所需的轮廓线渐变速度。

"复制轮廓图属性"按钮◙：选择一个没有添加轮廓图效果的对象，单击该按钮后将粗

箭头指向要复制轮廓图效果的对象单击，即可将轮廓图效果复制到选择的对象上。

"清除调和"按钮 ⊚：单击该按钮可以将所选对象运用的轮廓图效果清除。

5.1.3.3 "交互式封套"工具

"交互式封套"工具 🔯，可以对图形、文本和位图进行变形，它通过操纵边界框，来改变对象的形状，其效果有点类似于印在橡皮上的图案，扯动橡皮则图案会随之变形。

1．"交互式封套"工具的绘制方法

✧ 绘制一个基本图形中的完美图形笑脸。

✧ 在图形选中的状态下，选择工具箱中的"交互式封套"工具 🔯，此时对象四周会出现 8 个节点的边框，单击任意节点拖动可以对图形进行变形，效果如图 5-10 所示。

图 5-10 交互式封套变形效果

2．"交互式封套"工具的属性栏

"交互式封套"工具的属性栏如图 5-11 所示。

图 5-11 "交互式封套"工具属性栏

"添加和删除节点"选项 ⬚⬚ ⬚⬚：只有在选择"封套的非强制模式"后，这些按钮才可用，在虚线框上需要添加节点的位置单击出现一个黑点，单击"添加"按钮，即可将黑点转换成可以编辑的节点，单击选中要删除的节点，单击"删除节点"按钮，即可将该节点删除。

⬚⬚⬚⬚⬚⬚ 按钮：只有在选择"封套的非强制模式"后，这些按钮才可用，利用这些按钮，可以对图形进行直接和曲线之间的转换，编辑节点的平滑度和生成对称节点等编辑。

"选取范围模式"选项 矩形 ▾：在该下拉列表框中可以选择选取的节点的模式。

"封套的直线模式"按钮 ⬜：单击该按钮，可以创建出直线形式的封套，调整出的图形形状类似于使用透视调整出的形状。

"封套的单弧模式"按钮 ⬜：单击此按钮，可以创建出单圆弧的封套。

"封套的双弧模式"按钮 ⬜：单击此按钮，可以创建出双弧线的封套。

"封套的非强制模式"按钮 ⬚：单击此按钮，可以任意调整节点和控制手柄，创建出不受任何限制的封套。

"添加新封套"按钮 ⬚：单击此按钮，可以在应用了封套的对象上，再次添加一个新封套。

"映射模式"选项 ：此选项的下拉列表框中包括 4 种模式，分别是水平、原始、自由变形和垂直。选择不同的选项可以控制封套中图形的形状，创建出多种多样的变形效果。

"水平"：延展对象以适合封套的基本尺寸，然后水平压缩封套以适合封套的形状。

"原始"：将对象选择框的角手柄映射到封套的角节点，其他节点沿对象选择框的边缘线性映射。

"自由变形"：将对象选择框的角手柄映射到封套的角节点。

"垂直"：延展对象以适合封套的基本尺度，然后垂直压缩对象以适合封套的形状。

"保留线条"按钮：单击该按钮可以防止将对象的直线转换为曲线。

"创建封套自"按钮：单击此按钮，可以将绘图窗口中已有的封套效果复制到当前选取的图形中。

绘制技巧

在使用"封套的直线模式"、"封套的单弧模式"、"封套的双弧模式"选项编辑图形时，按住【Shift】键可以使图形中相对的节点同时进行反方向调整，按住【Ctrl】键，可以使图形中相对的节点同时进行相同方向的调整。

5.1.3.4 "交互式透明"工具

"交互式透明"工具 ，可以给图形添加一种透明效果，加强图形的可视性及立体感。

1．"交互式透明"工具的绘制方法

✧ 绘制一个星形，填色描边，如图 5-12a 所示。

✧ 在工具箱中选择"交互式透明"工具 ，在其属性栏中的"透明类型"下拉列表框中选择所需的透明度类型，即可为选择的对象自动添加透明的效果，如选择"圆锥"效果如图 5-12b 所示。

✧ 也可以使用"交互式透明"工具选择好属性栏中的"透明类型"后，在选中的对象上进行拖动出现透明度控制线 ，可利用控制线边界和两端滑块进一步自主控制透明的效果。图 5-12c 为对象选择"线性"透明类型，用鼠标左键单击图形下方向上拖动，灵活设置透明效果。

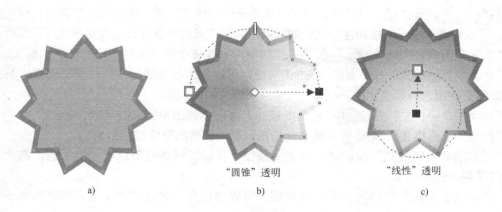

"圆锥"透明   "线性"透明

a)   b)   c)

图 5-12 交互式透明绘制效果

2."交互式透明"工具的属性栏

"交互式透明"工具的属性栏如图 5-13 所示。

图 5-13　"交互式透明"工具的属性栏

"编辑透明度"按钮 ：单击该按钮，弹出"渐变透明度"对话框，可以根据需要在其中改变所需的渐变参数来改变透明度。

"透明的类型"选项 ：可以在其下拉列表框中选择所需的透明度类型，如"标准"、"线性"、"射线"、"圆锥"、"方角"、"全色图样"、"位图图样"和"底纹"等。

"透明度操作"选项 ：可以在其下拉列表框中选择所需的透明的模式，如"正常"、"添加"、"减少"、"差异"、"乘"、"除"、"如果更亮"、"如果更暗"、"底纹化"、"色度"、"饱和度"、"亮度"、"反显"、"和"、"异或"、"红色"、"绿色"和"蓝色"。

"透明中心点"选项 ：可以通过拖动滑块来设置透明的中心点位置。

"渐变透明的角度和边界"选项 ：在 中设置所需的参数，可以改变渐变透明的角度，在 中设置所需的参数，可以改变透明的边界。

"透明度的目标"选项 ：可以在其下拉列表框中选择要应用透明度的范围，其中有填充、轮廓和全部 3 个选项。

"冻结"按钮 ：单击此按钮，可以冻结透明度内容，冻结后透明度下方对象的视图会随透明对象移动，但实际下方对象保持不变，冻结透明度前后的对比效果如图 5-14b、c 所示。

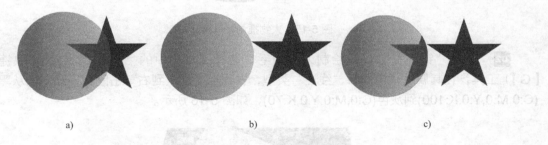

a)　　　　　　　　　　　　b)　　　　　　　　　　　　c)

图 5-14　设置圆形对象冻结透明度前后的对比效果

"复制属性和清除透明效果"按钮 ：单击"复制属性"按钮，可以将另一个透明属性复制到当前的对象上；当不再想要透明效果时只需单击"清除透明效果"按钮。

◇ 对象使用"交互式透明"工具后，出现透明度控制线，如线性透明控制线 ，控制线两端有滑块可控制两端的透明度，控制线中部有控制条调整渐变透明边界，控制线的长短和角度可以影响图形的透明范围。因此不需要刻板地设置属性栏数值，可以通过调整控制线的各部分灵活地调整透明效果。同样，其他交互式工具的控制线也能灵活地调整控制交互效果。

✧ 对象使用"交互式透明"工具后，如果想调整控制线两端滑块的透明度，可直接将右侧调色板中黑白灰色块拖动到控制线适当位置。越暗的色块代表透明度越高越透明，越亮的色块代表透明度越低越不透明。

5.1.4 案例实现

01 打开 CorelDRAW 软件，新建一个空白文档，保存为"人物插画设计.cdr"。打开"项目 5 效果图及素材"文件夹，导入文件"人物插画设计素材.cdr"，如图 5-15 所示。

图 5-15 人物插画设计素材

02 选择"钢笔"工具，绘制人物眉毛，选择工具栏中的"交互式填充"（快捷键【G】）工具，在其属性栏中选择"线性"类型，在眉毛上从左到右单击鼠标，渐变色从黑色(C:0,M:0,Y:0,K:100)到灰色(C:0,M:0,Y:0,K:70)，如图 5-16 所示。

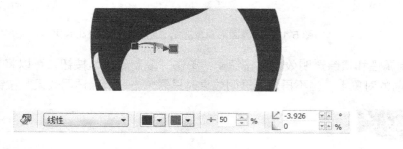

图 5-16 眉毛渐变填充设置及效果

03 绘制眼影。绘制同心两个椭圆，填充上面小椭圆为浅绿色(C:22,M:0,Y:74,K:0)，下面椭圆为淡黄色(C:4,M:4,Y:51,K:0)，如图 5-17a 所示。选择"交互式透明"工具，将下面椭圆设置成透明度为 100 的标准类型透明，如图 5-17b 所示。选择"交互式调和"工具，单击上面椭圆，拖动鼠标拉动到下面透明椭圆上，形成调和渐变效果，如图 5-17c 所示。交互式调和属性设置如图 5-18 所示。

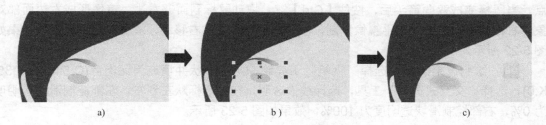

图 5-17　眼影制作过程

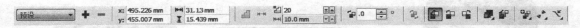

图 5-18　眼影交互式调和属性设置

04　绘制睫毛。选择"钢笔"工具，将其填充为黑色，如图 5-19 所示。

05　绘制腮红。类似于眼影制作。绘制两个同心圆，填充上面小圆为粉色(C:4,M:26,Y:13,K:0)，下面大圆为淡粉色(C:2,M:13,Y:8,K:0)。然后选择"交互式透明"工具，将下面大圆设置成透明度为 100 的标准类型透明。选择"交互式调和"工具，单击上面小圆，拖动鼠标拉动到下面透明大圆上，形成调和渐变效果，调和步长设置成 20  。制作过程及效果如图 5-20 所示。

图 5-19　绘制睫毛效果

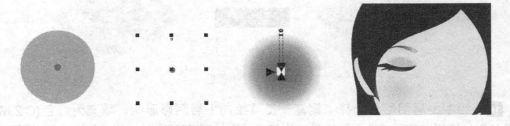

图 5-20　眼影交互式调和制作过程及效果

06　绘制鼻孔。选择"钢笔"工具绘制鼻孔轮廓并填充为咖啡色(C:27,M:60,Y:93,K:0)，选择"交互式透明"工具，选择线性透明，拖动鼠标从鼻孔上部到下部，上部控制滑块透明度为 0%，下部控制滑块透明度为 100%，如图 5-21 所示。

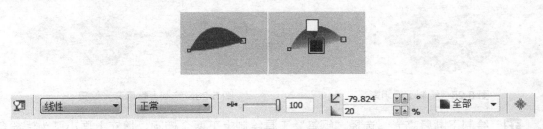

图 5-21　鼻孔交互式透明设置及效果

07 复制右侧五官。选择已绘制好的面部左侧所有对象，将鼠标放置在左侧中间控制点，当鼠标变成双向箭头后，按住【Ctrl】键，拖动鼠标到面部右边，镜像形成右边面部对象后右键单击鼠标完成水平镜像复制，然后将镜像对象往右移动，放置在合适位置，效果如图 5-22 所示。

08 绘制鼻梁阴影。选择"钢笔"工具绘制阴影形状并填充为深肉色(C:5,M:24,Y:35,K:0)，选择"交互式透明"工具，选择线性透明，拖动鼠标从左到右，左部控制滑块透明度为 0%，右部控制滑块透明度为 100%，效果如图 5-23 所示。

图 5-22 复制五官

图 5-23 绘制鼻梁阴影效果

09 绘制嘴唇。选择"钢笔"工具绘制嘴唇形状并填充为桃红色(C:2,M:45,Y:13,K:0)。绘制一个矩形填充为暗红色(C:37,M:98,Y:97,K:2)，调整图层顺序，将矩形放置在嘴唇后面，从唇缝中透出，效果如图 5-24 所示。

图 5-24 绘制嘴唇

10 绘制上唇阴影。选择"钢笔"工具绘制上唇阴影形状，填充为红色(C:2,M:84,Y:35,K:0)。选择"交互式透明"工具，将其设置为标准 50%透明，效果如图 5-25 所示。

11 绘制上嘴唇高光。选择"钢笔"工具绘制高光形状并填充为白色，选择交互式透明工具，选择线性透明，拖动鼠标从上到下，上部控制滑块透明度为 0%，下部控制滑块透明度为 100%。透明控制线设置及效果如图 5-26 所示。

图 5-25 绘制上唇阴影 　　　　　图 5-26 绘制上嘴唇高光效果

12 绘制下嘴唇高光。选择"钢笔"工具绘制上下两个椭圆，填充上面小圆为浅粉色

（C:4,M:9,Y:6,K:0），下面椭圆为粉色（C:4,M:25,Y:7,K:0）。选择"交互式透明"工具，将下面大圆设置成 100%标准透明。选择"交互式调和"工具，单击上面小圆，拖动鼠标拉动到下面透明大圆上，形成调和渐变效果，如图 5-27 所示。

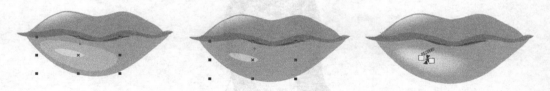

图 5-27　绘制下嘴唇高光效果

13　绘制下嘴唇高光。选择"钢笔"工具绘制高光形状并填充为白色，选择"交互式透明"工具，选择射线透明，拖动鼠标从左到右，内部控制滑块透明度为 50%，右部控制滑块透明度为 90%，透明控制线设置及效果如图 5-28 所示。

图 5-28　绘制下嘴唇高光效果

14　此时面部对象制作完成，效果如图 5-29 所示。

15　绘制颈胸。选择"钢笔"工具绘制颈胸形状，选择交互式填充，类型为线性，上部色块为（C:6,M:25,Y:27,K:0），下部色块（C:4,M:16,Y:15,K:0），控制线设置及效果如图 5-30 所示。

图 5-29　面部对象完成效果　　　　　图 5-30　绘制颈胸及渐变效果

16　绘制上衣。全选以上所做对象，右键单击鼠标进行群组，将其旋转 354°。选择"钢笔"工具绘制上衣，填充其为桃红色（C:9,M:94,Y:1,K:0），效果如图 5-31 所示。

17　绘制背景。选择"矩形"工具，绘制矩形轮廓为 10mm，轮廓色彩为绿色（C:64,M:2,Y:41,K:0）。内部轮廓设置紫红色（C:31,M:92,Y:31,K:0）。背景交互式轮廓图设置及绘制效果如图 5-32 所示。

图 5-31　绘制上衣

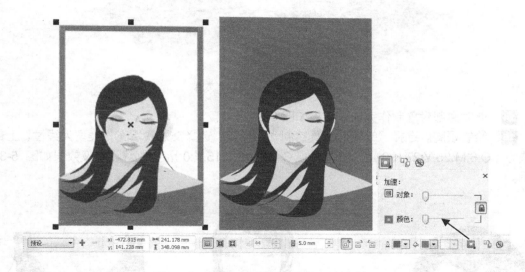

图 5-32　背景交互式轮廓图设置及绘制效果

18　选择"文本"工具，输入英文"Beautiful Rose"，字体为"Impact"，字号为 54，英文填充色为黑色，轮廓色为白色。选择"封套"工具，文字周围出现控制点，拖动各控制点将文字变形，如图 5-33 所示。

图 5-33　标题文字封套变形效果

19　插画人物最终效果如图 5-34 所示。

图 5-34　插画人物最终效果

　　利用"交互式调和"工具可以制作图形晕染边缘渐隐效果，如以上实例中眼影和腮红的制作，绘制内外大小两个图形，将外缘大图形设置成 100%标准透明，与内部小图形交互式调和，形成晕染边缘渐隐效果。还有另一种方法制作类似效果，内外两个对象先进行交互式调和，然后对调和对象组运用射线透明，内部控制滑块为 0%透明，外部控制滑块为 100%透明。但相对而言，前一种方法效果更好，运用的图形形状更广泛。

5.1.5　案例拓展

　　食品包装设计，效果如图 5-35 所示。

图 5-35　食品包装设计效果

01 选择"矩形"工具，绘制背景，选择"渐变填充"工具，类型为"射线"，颜色从天蓝（C:98,M:39,Y: 0,K:0）到蓝紫色（C:99,M:93,Y:0,K:0）。

02 利用"曲线"工具在页面中绘制瓶盖所有形状。

03 选择弧形瓶盖盖顶，选择"渐变填充"工具，类型为"射线"，颜色从深褐色（C:61,M:60,Y:80,K:9）到土黄色（C:13,M:13,Y:42,K:0）。用鼠标右键单击拖动盖顶到瓶盖其他几个部分，松开鼠标弹出快捷菜单，选择"复制填充"，调整控制滑块的位置来调整渐变的效果。

04 利用"曲线"工具绘制瓶身形状，填充为白色，选择"交互式透明"工具，类型为"标准"，透明度为 **70%**。

05 利用"曲线"工具绘制瓶口螺纹线条，线条颜色设置为白色。选中所有螺纹线，选择"交互式透明"工具，将所有螺纹线设置为射线透明，中间透明度为 **100%**，边缘透明度为 **0%**。

06 利用"曲线"工具绘瓶身内侧两边高光形状，填充为白色。选择"交互式透明"工具，将其设置为线性透明，内侧透明度为 **100%**，外侧边缘透明度为 **0%**。

07 利用"曲线"工具绘制瓶底内凹形状，填充射线渐变效果，从白色到蓝色（C:96,M:58,Y:3,K:0）。

08 利用"曲线"工具绘制瓶身贴图，从上分别填充蓝紫色（C:99,M:93,Y:0,K:0）、白色、青色（C:100,M:0,Y:0,K:0）。

09 选择"文本"工具，在贴图白色区域添加文字"咖啡奶糖"，选择"交互式封套"工具，将文字调整为上下外突的形状。

10 选择"椭圆"工具，在瓶身中间绘制扁长椭圆制作高光，缩小并复制椭圆使两椭圆中心重合。将中间小椭圆设置成标准透明，透明度为 **90%**，外圈的大椭圆设置成标准透明，透明度为 **100%**，然后选择"交互式调和"工具，将内外椭圆进行调和，步长为 **20**。

11 保存成"食品包装设计**.cdr**"并导出成"食品包装设计.jpg"文件。

任务 2　钥匙挂件设计

5.2.1　案例效果

本案例学习钥匙挂件的设计方法，效果如图 **5-36** 所示。

图 5-36　钥匙挂件设计效果

5.2.2　案例分析

通过对钥匙挂件效果图的分析，该案例中根据所给的小猪图形，利用"交互式立体化"工具将其制作成三维立体化小猪挂件，绘制圆形利用"交互式变形"工具将圆形变形为二维花形，并将此花形运用"交互式立体化"工具制作成三维花形挂件，最终将所有对象群组，利用"交互式阴影"工具制作投影效果。

5.2.3　相关知识

5.2.3.1　"交互式立体化"工具

"交互式立体化"工具，可以将二维图形转化为三维图形。

1．"交互式立体化"工具的绘制方法

✧ 选择"文字"工具，输入"庆祝"。

✧ 在文字选中的状态下，选择工具箱中的"交互式立体化"工具，将鼠标移到文字上，按住鼠标左键并向想要形成立体化造型的方向拖动鼠标，此时文字四周会出现一个立体化的框架。同时还会出现控制手柄，拖动控制手柄可以编辑图形的立体效果，移动中间的滑块可以调整立体化深度，移动 × 形消失点可以改变消失点坐标。

✧ 旋转立体化图形。选中"交互式立体化"工具，用鼠标双击立体化图形，在图形周围会出现圆形的旋转设置框，光标在旋转设置框内变换形状，拖动鼠标可沿 x 或 y 轴方向旋转立体化图形，光标在旋转框外拖动鼠标可以使立体化图形沿 z 轴的方向旋转，如图 5-37 所示。

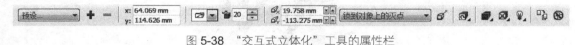

图 5-37　交互式立体化绘制过程及效果

2．"交互式立体化"工具的属性栏

"交互式立体化"工具的属性栏如图 5-38 所示。

图 5-38　"交互式立体化"工具的属性栏

"立体化类型"选项 ：在下拉列表框中可以选择所需的立体化类型。

"深度"选项 ：在数值框中可以输入立体化延伸的长度，数值越大立体效果越强。

"灭点坐标"选项 ：在数值框中输入所需的灭点坐标，从而达到更改立体化效果的目的。

"灭点属性"选项 ：在下拉列表框中可以选择所需的灭点属性选项，来确定灭点位置与其他对象的关系。选择"锁到对象上的灭点"，移动立体对象，透视效果不变；选择"锁到页上的灭点"，移动立体对象，灭点在页面上的位置不变，对象透视效果改变；"复制灭点，自"和"共享灭点"可以使多个对象消失于同一个灭点，视觉上处于同一个空间。复制灭点前后的对比效果如图 5-39 所示。

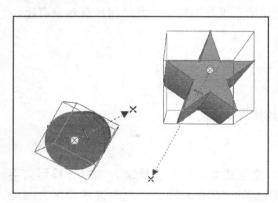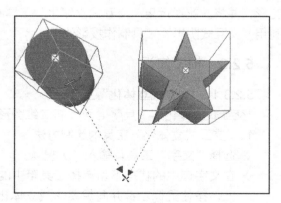

图 5-39　复制灭点前后的对比效果

"VP 对象"按钮 与"VP 页面"按钮 ：当"VP 对象"按钮 处于当前选择状态时移动灭点，它的坐标值是相对于对象的。如果"VP 页面"按钮 处于当前选择状态时移动灭点，它的坐标值是相对于页面的。

"立体化方向"按钮 ：单击该按钮，弹出 设置面板，将鼠标移动到面板内，当光标变为"小手"时，按住鼠标左键拖动即可改变立体化的方向，也可以在其中单击 ⊞ 按钮，弹出旋转值面板，可以在其中输入所需的旋转值来调整立体的方向。

"颜色"按钮 ⬛：如果要更改立体化的颜色，单击该按钮，弹出立体化的颜色面板，可以在其中编辑于选择所需的颜色。通过在该面板中单击"使用对象填充"按钮 ⬛、"使用纯色"按钮 ⬛ 和"使用递减的颜色"按钮 ⬛ 来设置所需的颜色，如果选择的立体化效果设置了斜角，则可以在其中设置所需的斜角边颜色。

"斜角修饰边"按钮 ⬛：单击此按钮，可以弹出斜角设置面板，从中选择"使用斜角修饰边"复选框，然后在其中的数值框中输入所需的斜角深度与角度来设定斜角修饰边。如果选择"只显示斜角修饰边"复选框，则只显示斜角修饰边。

"照明"按钮 ⬛：单击此按钮，弹出照明设置面板，可以在左边单击相应的光源，为立体化对象添加光源，同时还可以设定光源的强度以及是否使用全色范围。

5.2.3.2 "交互式变形"工具

"交互式变形"工具 ⬛ 包括推拉变形、拉链变形和扭曲变形 3 种，可以快速改变对象的外观，使简单的图形变复杂，形成丰富的效果。这 3 种工具适用于图形、直线和曲线、文字和文本框等对象。

1．推拉变形

通过推和拉的操作，可以使对象边缘产生推进和拉出的效果，操作步骤如下：

◇ 绘制一个五边形，填充为橙色。

◇ 在工具栏中选择"交互式变形"工具 ⬛，在属性栏中选择"推拉变形"按钮 ⬛，将鼠标移到五边形上，按住鼠标左键并向左移动，五边形所以节点向内移动，完成推进效果，如图 5-40b 所示。

◇ 按住鼠标左键并向右移动，图形所有节点向外移动，完成拉出效果，如图 5-40c 所示。

推进效果　　　　　　　　　　　　　拉出效果
a)　　　　　　　　　　b)　　　　　　　　　　c)

图 5-40　推拉变形绘制过程及效果

2．拉链变形

拉链变形可以为对象边缘创建锯齿形效果，操作步骤如下：

◇ 绘制一个五边形，填充为橙色。

◇ 在工具栏中选择"交互式变形"工具，在属性栏中选择 ⬛ "拉链变形"工具，将鼠标移到五边形上，按住鼠标左键并向左或向右拖动，完成拉链效果，如图 **5-41b** 所示。

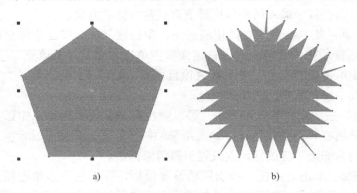

a)   b)

图 **5-41** 拉链变形绘制过程及效果

3．扭曲变形

拉链变形可以为对象边缘创建漩涡效果，操作步骤如下：

◇ 利用以上拉链变形图形。

◇ 在工具栏中选择"交互式变形"工具，在属性栏中选择"扭曲变形"工具 ，将鼠标移到图形上，按住鼠标左键并顺时针旋转，完成扭曲变形，如图 **5-42b** 所示。

◇ 按住鼠标左键并逆时针旋转，完成扭曲逆时针变形效果，如图 **5-42c** 所示。

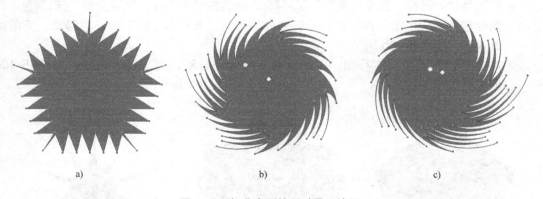

a)   b)   c)

图 **5-42** 扭曲变形绘制过程及效果

4．"交互式变形"工具的属性栏

当单击"推拉变形"按钮时，属性栏如图 **5-43** 所示。

图 **5-43** "推拉变形"按钮属性栏

"推拉失真振幅"选项 ：在该文本框中可以输入–200~200 的数值，来设置对象的变形速度。如果输入正值，则会将对象上的节点由内向外移动，数值越大变形越大，如果输入负值，则会将对象上的节点由外向内移动，数值越大变形越大。

"变形中心"按钮 ：单击该按钮，可以将变形对象以中心进行变形。

当单击"拉链变形"按钮 时，属性栏如图 5-44 所示。

图 5-44 "拉链变形"按钮属性栏

"拉链失真振幅"选项 ：在该文本框中可以输入 0~100 的数值，来设置对象的变形程度，输入的数值越大变形越大。

"拉链失真频率"选项 ：在该文本框中可以输入 0~100 的数值，来设置对象变形的复杂程度。输入的数值越大对象变形越复杂。

 按钮：在属性栏中分别选择者 3 个按钮时可以给对象进行随机、平滑与局部变形。

当单击"扭曲变形"按钮 时，属性栏如图 5-45 所示。

图 5-45 "扭曲变形"按钮属性栏

"逆时针旋转"与"顺时针旋转"按钮 ：分别选择这两个按钮可以将对象进行逆时针或顺时针旋转变形。

"完全旋转"选项 ：该选项只有在选择"扭曲变形"按钮时才可用，在其中输入数值可以将对象进行圆周旋转。

"附加角度"选项 ：该选项只有在选择"扭曲变形"按钮时才可用，在其中输入数值可以设定圆形控制柄旋转的角度。

5.2.3.3 "交互式阴影"工具

"交互式阴影"工具 可以将给图形添加阴影效果，加强图形的立体感。

1．"交互式阴影"工具的绘制方法

◇ 选择"星形"工具，绘制五边形并填充为黄色。

◇ 选择工具箱中的"交互式阴影"工具 ，将鼠标移到星形上，按住鼠标左键并向想要形成阴影的方向拖动鼠标。也可以选中对象，在其属性栏中的预设下拉列表中选择所需的阴影类型建立阴影效果，如选择"平面右上"效果如图 5-46 所示。

图 5-46 "交互式阴影"工具绘制过程及效果

2．"交互式阴影"工具的属性栏

"交互式阴影"工具的属性栏如图 5-47 所示。

图 5-47 "交互式阴影"工具的属性栏

"阴影偏移"选项 [image]：当在"预设下拉列表"中选择"平面左下"、"平面右下"、"平面左上"、"平面右上"、"大型辉光"、"中型辉光"和"小型辉光"选项，或在画面中直接拖动鼠标以给对象添加阴影时，该选项呈活动状态，可以在其中输入所需的偏移值。

"阴影角度"选项 [image]：当在"预设下拉列表"中选择"左下透视图"、"右下透视图"、"左上透视图"和"右上透视图"时，该选项呈活动状态，可以在其中输入所需的阴影角度值，以设置阴影变化的角度。

"阴影的不透明"选项 [image]：可以在其数值框中输入所需的阴影不透明度值。

"阴影的羽化值"选项 [image]：可以在其数值框中输入所需的阴影羽化值，使阴影的边缘虚化。

"阴影羽化方向"按钮 [image]：单击该按钮，可以弹出"羽化方向"下拉列表，在列表中可以选择所需的阴影羽化方向。

"淡出"选项 [image]：可以在其数值框中输入所需的阴影淡出值。

"阴影延展"选项 [image]：可以在其数值框中输入所需的阴影延展值。

"透明度操作"选项 [image]：在下拉列表框中可以为阴影设置各种所需的模式，如"添加"、"减少"、"色度"等。

"阴影颜色"选项 [image]：在其下拉调色板中可以选择与设置所需的阴影颜色。

> **小贴示**
>
> 对象可以同时叠加使用多种交互式工具制作效果，如对象可以先用交互式变形工具改变形状再用交互式立体化制作三维效果最后用交互式阴影工具制作投影；但有些交互式工具是不能叠加使用的，如两个对象进行了交互式调和后，调和组不能再运用交互式立体化工具和阴影工具，对象进行了立体化处理就不能再运用交互式投影工具等。

5.2.4 案例实现

01 打开 CorelDRAW 软件，新建一个空白文档，保存为"钥匙挂件设计.cdr"。打开"项目 5 效果图及素材"文件夹，导入文件"钥匙挂件设计素材.cdr"，如图 5-48 所示。

图 5-48　钥匙挂件设计素材

02　复制小猪鼻子并打孔。选择小猪鼻子，拖动到空白处用鼠标右键单击复制一份，然后框选两个鼻孔并群组，框选整个鼻子；单击属性栏中"移除前面对象"按钮 ，给小木猪鼻子打了两个鼻孔，效果如图 5-49 所示。

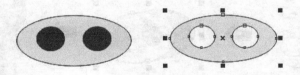

图 5-49　鼻子打孔效果

03　小猪挂件上面打孔。群组小猪各部分对象，选择"椭圆形"工具，在小猪头顶上画一个小圆，然后框选小猪和小圆，单击属性栏中"移除前面对象"按钮 ，给小猪打一个钥匙扣，效果如图 5-50 所示。

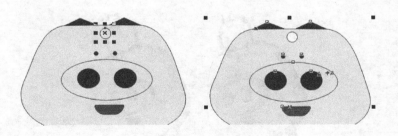

图 5-50　小猪挂件打孔效果

04　制作小猪三维厚度效果。选中小猪对象，选择"交互式立体化"工具，用鼠标左键单击小猪并按住鼠标不放拖动鼠标向左移动如图 5-51a 所示，然后在属性栏中设置深度 为 2，颜色选择，"使用递减颜色"属性设置如图 5-52 所示，从土黄色（C:11,M:21,Y:45,K:0）到褐色（C:48,M:67,Y:91,K:5），旋转值设置如图 5-52 所示。小猪三维立体化效果如图 5-51b 所示。

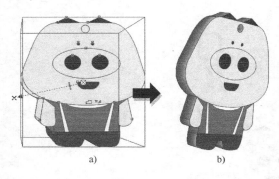

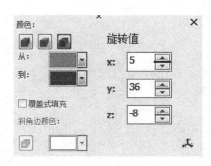

图 5-51 小猪立体化制作过程及效果   图 5-52 小猪立体化属性设置

05 制作小猪鼻子三维厚度效果。选中之前制作好的掏空鼻子，选择"交互式立体化"工具 ，单击属性栏中"复制立体化属性"按钮，光标将变成粗箭头状，将鼠标移到小猪身体厚度截面部分用鼠标左键单击，便将小猪身体的立体化属性复制到鼻子上，然后将鼻子移到适当位置，效果如图 5-53 所示。

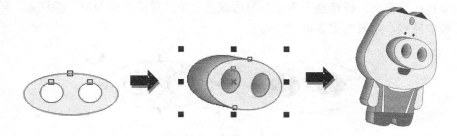

图 5-53 小猪鼻子立体化设置及效果

06 小猪穿入环中。将打孔的立体小猪放置在钥匙环中合适位置，此时钥匙环整圈覆盖在小猪上，选中钥匙环，选择橡皮擦工具 从小猪打孔处擦除，将钥匙环穿入小猪孔中，如图 5-54 所示。

图 5-54 钥匙环入孔效果

07 利用圆做花形挂件雏形。选择"椭圆"工具，绘制直径为 80mm 的圆形，用鼠标右键单击转化为曲线。选择"形状"工具（用【F10】键），选中圆形中的 4 个节点，选择属性栏中增加节点图标 ，圆形会在原来每两个节点中心生成新的节点，圆形产生 8 个等分点，绘制过程如图 5-55 所示。

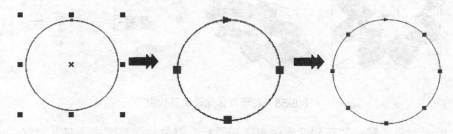

图 5-55 圆形绘制花形雏形过程

08 圆形转变成花形。选择"交互式"工具组的"交互式变形"工具，选择"推拉"工具，在圆形上左击鼠标并向左拖动，选择属性栏中的"中心变形" ，推拉失真振幅为 28，如图 5-56 所示。

图 5-56 "交互式变形"工具制作花形设置及效果

09 制作花环。选中以上变形花形，将鼠标放置在边角控制点，当鼠标变成双箭头是，按住【Shift】键，向内拖动鼠标同心缩小图形，用鼠标右键单击复制同心图形。选中两个图形，选择属性栏中的移除前面对象 ，将所截得的花环填充为洋红色(C:0,M:100,Y:0, K:0)，去掉轮廓色，如图 5-57 所示。

图 5-57 花环绘制及效果

10 制作花环三维厚度效果。选择"交互式立体化"工具，用鼠标左键单击图形并按住鼠标不放拖动鼠标向左移动，深度设置为 3 ，旋转图形，颜色属性设置及旋转值设置如图 5-58 所示。

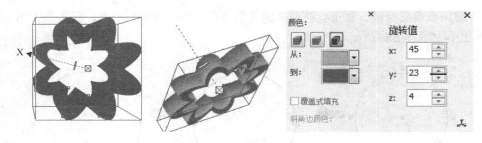

图 5-58　花环立体化设置及效果

11　组合对象。移动花环到适当位置，用鼠标右键单击调整图层，将其放置在小猪后钥匙扣前。选中钥匙环，选择"橡皮擦"工具从花环处擦除，将钥匙环穿入花环中。选择所有对象，用鼠标右键单击组合键（【Ctrl+G】）。制作过程及效果如图 5-59 所示。

图 5-59　花环入钥匙环效果

12　绘制阴影。选择"交互式阴影"工具，将鼠标移至从小猪底部，单击并拖动鼠标向左上角移动，然后设置阴影属性，属性栏如图 5-60 所示。

图 5-60　阴影设置及效果

13　钥匙挂件最后制作效果如图 5-61 所示。

图 5-61　钥匙挂件设计效果

5.2.5　案例拓展

扇面设计效果如图 5-62 所示。

图 5-62　扇面设计效果

01　选择"曲线"工具，绘制水平方向单个扇骨造型。填充为浅褐色（C:23,M:53,Y:72,K:0）。

02　选中单个扇骨，再单击扇骨进入旋转编辑，移动中间旋转中心到扇骨尾部。

03　打开窗口→泊坞窗→变换→旋转，输入旋转角度为 15°，单击"应用到再制"按钮，旋转并再制 12 只扇骨。

04　在扇骨的旋转中心绘制圆形扇子铁质旋转轴，填充为 40%黑的灰色。

05　全选所有扇骨和铁质旋转轴，用鼠标右键单击组合键群组（【Ctrl+G】）。

06　选中以上群组对象，单击"交互式立体化"工具。

07 选择"手绘"工具中的"度量"工具，测量扇骨边缘到旋转轴的距离，确定扇面半圆的直径。

08 单击"椭圆"工具，在"对象大小"属性栏 中输入直径大小，绘制正圆，单击饼形图标 ，选择饼形，单击"形状"工具，调整控制点，将饼形调整为半圆，填充此扇面为淡蓝色（C:6,M:5,Y:3,K:0）。

09 打开"项目 5 效果图及素材"文件夹，导入文件"扇面设计素材"，调整大小，将其放入扇面。

10 选中扇面和花鸟，用鼠标右键单击组合键群组（【Ctrl+G】），用鼠标右键单击"顺序"→"到图层后面"，然后将其移至扇骨后面并对齐。

11 单击"椭圆"工具，绘制适当大小正圆，单击饼形图标 ，选择饼形，单击形状工具，调整控制点，将饼形起始角度和结束角度分别设置为 255° 和 285°，绘制夹角为 30° 的饼形，填充色为红色（C:0,M:100,Y:100,K:0），轮廓色为橘红色（C:0,M:60,Y:100,K:0）。

12 选择以上饼形，用鼠标右键单击转换成曲线（【Ctrl+Q】），双击对象进入曲线编辑状态，在下边弧形增加 6 个节点，将弧形分成 8 份。

13 选择"交互式变形"工具，单击饼形拖动鼠标，选择推拉变形 ，中心变形 ，推拉失真振幅调整到将饼形拉成流苏为止。

14 选中所有对象（【Ctrl+A】），用鼠标右键单击组合键群组（【Ctrl+G】），选择"交互式阴影"工具，选择类型为"平面左上"，阴影不透明度为 24，羽化值为 8。

15 保存成"扇面设计.cdr"并导出成"扇面设计.jpg"文件。

任务 3　相框设计

5.3.1　案例效果

本案例综合利用位图滤镜特效来实现艺术相框的设计，相框效果如图 5-63 所示。

图 5-63　相框

5.3.2　案例分析

本案例将矩形框转换成位图，利用位图的"彩色玻璃"、"浮雕"滤镜来制作相框，利用位图的"素描"、"虚光"、"天气"和"框架"滤镜制作相片特效，利用"交互式透明"工具实现背景的自然融合。

5.3.3　相关知识

5.3.3.1　转换为位图

在实际操作中，如果要为矢量图应用位图处理功能，则需要先将矢量图转换为位图，将矢量图转换成位图的方法如下：

利用"选择"工具选择要转换的矢量图，选择"位图"→"转换为位图"命令，弹出"转换为位图"对话框，如图 5-64 所示。

图 5-65 的矢量图转换成位图后的效果如图 5-66 所示。

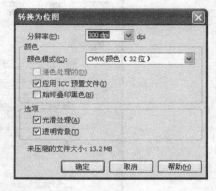

图 5-64　"转换为位图"对话框

图 5-65　矢量图

图 5-66　转换位图后效果

分辨率：设置转换成位图的分辨率，单位是 dpi。

颜色模式：设置所生成位图的颜色模式。

光滑处理：使转换的位图边缘没有锯齿。

透明背景：使转换的位图保留矢量图中的透明背景。

5.3.3.2　位图链接

选择"文件"→"导入"命令，弹出图 5-67 所示的"导入"对话框，在导入对话框中选择要导入的图片，并勾选"外部链接位图"复选框，即可进行位图的链接。该功能是以链接的方式将位图导入，而不是将位图嵌入在文件中。链接的对象将与原文件保持链接，原文件更新，选择"位图"→"自链接更新"命令，链接的位图也会自动更新。

图 5-67　"导入"对话框

5.3.3.3　颜色遮罩

"位图颜色遮罩"命令可以指定要在位图中隐藏或显示的颜色，以提高屏幕上的刷新速度，操作方法如下。

01　新建一个 CorelDRAW 文件，选择"版面"→"页面背景"命令，设置页面背景为蓝色。导入"tree.jpg"文件，导入的位图有白色的背景，如图 5-68 所示。

02　选择"位图"→"位图颜色遮罩"命令，打开"位图颜色遮罩"泊坞窗，如图 5-69 所示。选择"隐藏颜色"单选按钮，则下面颜色通道所勾选的颜色将会隐藏，选择"显示颜色"单选按钮，则下面颜色通道所选的颜色将显示。可以利用"颜色选择"按钮　，在位图中选择所需要显示或隐藏的颜色。

图 5-68　原始位图

图 5-69　"位图颜色遮罩"泊坞窗

03 单击"颜色选择"按钮🖉，在白色区域上单击，则颜色通道上的黑色会变成白色，如图 5-70 所示，单击"应用"按钮，最终效果如图 5-71 所示。

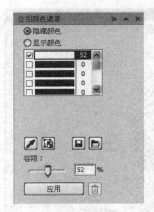

图 5-70　吸取要隐藏的颜色

图 5-71　设置颜色遮罩后的效果

5.3.3.4　描摹位图

除了将矢量图形转换成位图外，CorelDRAW X4 也提供了完成其逆向过程的功能，可以将位图描摹成矢量轮廓，这一功能也非常实用。描摹方式有快速描摹、线条图、徽标、详细徽标、剪贴画、低质量图像、高质量图像技术图解和线条画等，以满足不同的要求。

使用"快速描摹"命令可以将位图直接转换成矢量图。使用"中心线描摹"命令可以使用未填充的封闭曲线和开放曲线来描摹位图，适用于描摹线条类的位图，"技术图解"方式采用细淡的线条描摹位图，而"线条画"方式采用粗重的线条描摹位图。使用"轮廓描摹"命令描摹位图时不会产生轮廓线。

打开"描摹 1.cdr"，选择要转换的位图，如图 5-72 所示，选择"位图"→"快速描摹"命令，也可在属性栏中单击"描摹位图"按钮🖉 描摹位图(T)，在图 5-73 所示的下拉列表中选择所需的描摹方式，选择"快速描摹"命令，图 5-74 为快速描摹后的效果。如果选择的位图较大，将会弹出警告对话框，只需单击对话框的"缩小位图"按钮即可。

图 5-72　原位图

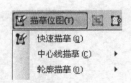

图 5-73　描摹方式

图 5-74　快速描摹后的效果

打开"描摹 2.cdr"，选择要描摹的位图，选择"位图"→"中心线描摹"→"技术图解"命令，打开图 5-75 所示的对话框，在该对话框中可以调整描摹参数，也可以选择描摹类型和图像类型等。左图为原图，右图为转换后的效果。

细节：设置描摹位图时需要保留的颜色细节数量。

平滑：设置描摹位图结果时所用的节点数，数值越大，越接近原始图像。

拐角平滑度：设置描摹位图拐角处的节点数，数值越大，相应线条拐角越接近原始图像。

以上 3 项可通过滑动条来调节，越向右拖描摹的矢量图形失真越小，质量越高。

图 5-75　技术图解

打开"描摹 3.cdr"，选择"位图"→"轮廓描摹"→"高质量图像"命令，转换的效果如图 5-76 所示。左图为原图，右图为转换后的效果。

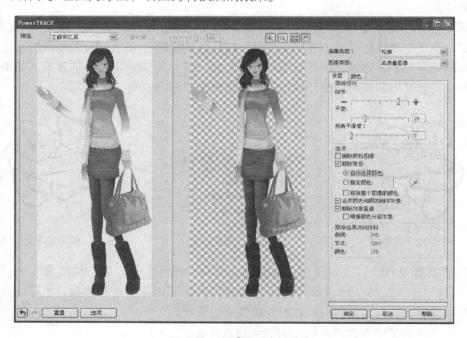

图 5-76　高质量图像描摹

5.3.3.5　滤镜

CorelDRAW 中提供了多种滤镜，可以对位图进行各种效果的处理，从而对位图图像创建出特殊的效果。CorelDRAW 除了自带的滤镜外，还支持外挂的滤镜。矢量图形要应用滤镜效果必须将矢量图转换成位图。

1. 三维效果

使用"三维效果"可以使所选位图产生纵深感的立体效果。三维效果分为"三维旋转"、"柱面"、"浮雕"、"卷页"、"透视"、"挤远/挤近"和"球面" 7 种不同的三维效果，下面介绍几种常用的三维效果。

（1）三维旋转。

使用"三维旋转"命令，可以设置位图的水平和垂直方向的角度，以模拟三维空间的方式来旋转位图，从而达到立体透视的效果。

导入 **"cat.jpg"** 文件并选中位图，选择"位图"→"三维效果"→"三维旋转"命令，弹出"三维旋转"对话框，单击对话框中的，只显示最终效果预览一个窗口，单击对话框中的按钮，在对话框中将会显示出原图和最终效果图的对照预览窗口，将鼠标移到对话框的原图，当鼠标变成手形时，单击并滚动鼠标中间的滚轮可以放大或缩小视图，在对话框中设置垂直或水平的数值框中设置旋转角度，单击"预览"按钮，如图 **5-77** 所示。

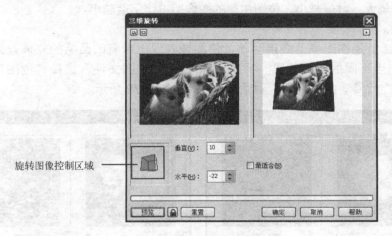

图 5-77　"三维旋转"滤镜

：用鼠标直接在该控制区域上下或左右拖动该立方体图标，可以旋转图像。

垂直：可以设置绕垂直轴旋转的角度。取值范围为**−75～75**。

水平：可以设置绕水平轴旋转的角度。取值范围为**−75～75**。

最适合：选定该复选框，系统会自动调整旋转后的位图范围与原位图范围保持一致。

预览：每次修改参数后要单击该按钮才能看到滤镜效果。

重置：对所有参数重新设置。

：单击该按钮，则"预览"按钮变成灰色不可用状态，更改参数时不需要单击"预览"按钮即会自动在右边预览窗口中马上看到效果。

（2）柱面。

"柱面"滤镜可以将位图沿水平或垂直方向，映射到柱面对象。导入 **"pic3.jpg"** 位图文件，选择"位图"→"三维效果"→"柱面"命令，在"柱面"对话框中设置如图 **5-78** 所示。

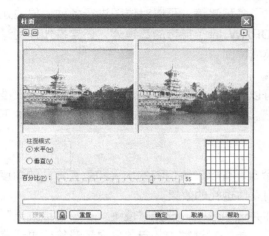

图 5-78　"柱面"滤镜

水平/垂直：设置位图图像挤压或拉伸的方向。

百分比：设置位图图像由中心向内挤压或向两侧拉伸的百分比。数值越大，位图中间的图像所占比例越大；数值越小，位图中间的图像所占比例就越小。

（3）浮雕。

"浮雕"滤镜是在图像上应用明暗，使图像表现出带有凹凸感的立体效果，设置不同的浮雕色将产生不同的浮雕效果。导入"**pic4.jpg**"位图文件，选择"位图"→"三维效果"→"浮雕"命令，在"浮雕"对话框中设置如图 **5-79** 所示。

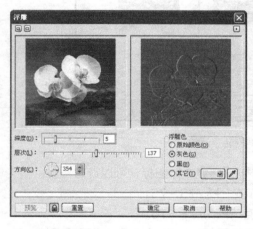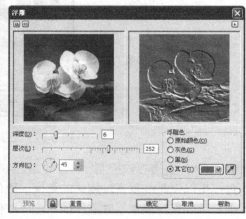

图 5-79　"浮雕"滤镜

深度：可设置图像上凸或凹陷间的距离。

层次：可设置图像的细节和图像保留程度。数值越大浮雕效果的颜色越亮，细节越明显；数值越小，细节就越模糊，颜色也逐渐淡化。

方向：可设置光照的角度。

浮雕色：可为浮雕设置不同的浮雕颜色，以产生不同色调的浮雕效果。选择"其他"单选按钮，设置浮雕色，还可以利用旁边的"滴管" 📝 在原位图中取色来作为浮雕色。

（4）卷页。

"卷页"滤镜可以为位图添加类似书本页脚卷起的效果。导入"秋景.jpg"，选择"位图"→"三维效果"→"卷页"命令，在"卷页"对话框中设置如图 5-80 所示。

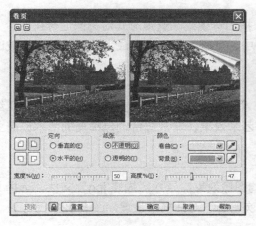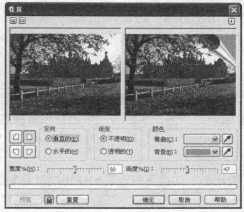

图 5-80 "卷页"滤镜

□□ □□：这 4 个按钮分别决定了为位图哪个角应用卷页效果。

垂直的/水平的：决定了卷页的方向。

不透明/透明的：如果选择"透明的"单选按钮，卷页将产生透明效果，以透露出所覆盖的图像。

颜色：可设置卷页和背景的颜色。

宽度/高度：可设置卷页卷起的宽度和高度。

（5）透视。

"透视"滤镜可使图像产生一种近大远小的视觉效果，增强图像的空间感。导入"风景.jpg"文件，选择"位图"→"三维效果"→"透视"命令，在"透视"对话框中设置如图 5-81 所示。

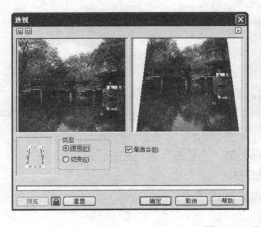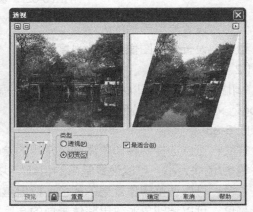

图 5-81 "透视"滤镜

: 在该控制框中可以通过鼠标拖动控制点调整透视或切变的位置。

透视: 通过鼠标拖动控制点的位置, 为位图应用透视效果。

切变: 通过鼠标拖动控制点的位置, 为位图应用斜切效果。

最适合: 选定该复选框, 系统会自动调整位图到最佳的透视或斜切角度。

(6) 其他。

挤远/挤近滤镜: 以用户指定点为基准点, 按凸透镜或凹透镜形式对图像进行扭曲。

球面滤镜: 该滤镜将图像映射到球面对象中, 可以图像中产生最大圆形范围内凸或凹陷效果。

2. 艺术笔触

"艺术笔触"滤镜组提供了 14 种不同的艺术笔触效果, 使用这些滤镜可以模拟手工绘画中的炭笔画、油画、水彩画、木版画和素描等艺术效果, 非常适合创建精美的艺术或商业插画。下面介绍常用的几种艺术笔触。

(1) 炭笔画。

"炭笔画"滤镜可以表现出使用炭笔绘制的图像效果。导入"蝴蝶.jpg"文件, 选择"位图"→"艺术笔触"→"炭笔画"命令, 在"炭笔画"对话框中设置如图 5-82 所示。

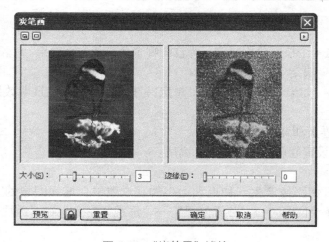

图 5-82 "炭笔画"滤镜

大小: 设置炭笔笔触的大小。

边缘: 设置位图图像边缘的强度。

(2) 印象派。

"印象派"滤镜可以将图像转化为单色点, 模拟出印象派画风的绘画特效。导入"花篮.jpg"文件, 选择"位图"→"艺术笔触"→"印象派"命令, 在"印象派"对话框中设置如图 5-83 所示。

样式: 可以选择两种印象派画风常用的绘画形式: "笔触"或"色块"。

笔触/色块大小: 可以设置笔画的粗细/色块的大小。

着色: 可以调整印象效果的颜色, 数值越大, 颜色越重。

亮度: 可以调印象派效果整体画面的亮度。

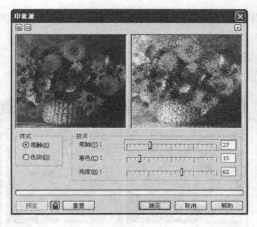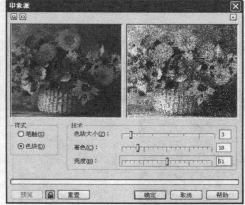

图 5-83　"印象派"滤镜

（3）调色刀。

"调色刀"滤镜可以制作出具有油画风格的绘画特效。导入"花.jpg"文件，选择"位图"→"艺术笔触"→"调色刀"命令，在"调色刀"对话框中设置如图 5-84 所示。

图 5-84　"调色刀"滤镜

刀片尺寸：可以设置笔触的锋利程度，数值越小，笔触越锋利，位图的油画刻画效果越明显。

柔软边缘：可以设置笔触的坚硬程度，数值越大，位图的油画刻画效果越平滑。

角度：可以设置笔触的方向。

（4）素描。

"素描"滤镜可以创建一种类似于铅笔素描作品的效果。导入"玫瑰.jpg"文件，选择"位图"→"艺术笔触"→"素描"命令，在"素描"对话框中设置如图 5-85 所示。

铅笔类型：可以选择"碳色"和"颜色"两种铅笔类型，以产生不同的素描效果。

样式：可以设置素描画的精细程度，数值越高，画面越精细；数值越低，画面就越粗糙。

笔芯/压力：可选择画面的含铅数量，数值越大，颜色越深。

轮廓：可设置素描画的轮廓颜色深度，数值越大，轮廓颜色越明显。

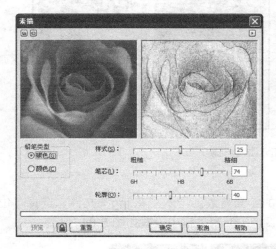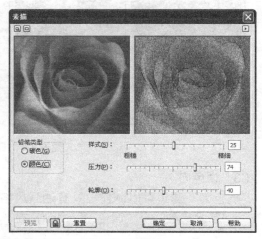

图 5-85　"素描"滤镜

（5）其他。

"单色蜡笔画"滤镜：将位图转换为不同纹理效果的图像。

"蜡笔画"滤镜：将位图中的像素分散，创建一种蜡笔画效果。

"立体派"滤镜：将位图中相似的颜色组成一个小色块，创建一种立体派绘画风格。

"彩色蜡笔画"滤镜：将纯色或相近颜色的像素结成像素块，以制作出类似使用彩色蜡笔绘制的作品效果。

"钢笔画"滤镜：创建一种类似钢笔素描绘画的效果。

"点彩派"滤镜：创建一种模拟点彩画法的绘画特效。

"木版画"滤镜：创建一种类似于刮涂绘画的木版画效果。

"水彩画"滤镜：创建一种类似于水彩画的效果。

"水印画"滤镜：创建一种类似于麦克笔绘画效果。

"波纹纸画"滤镜：可以为位图添加类似于波纹的细腻纹理，使图像看起来具有纸的质感。

3. 模糊

"模糊"滤镜可以对位图进行柔和处理，用来软化并混合位图中的像素，使位图产生平滑效果。"模糊"滤镜组提供了 9 种不同的模糊效果，包括定向模糊、高斯式模糊、动态模糊和放射式模糊等。下面介绍几种常用的模糊效果。

（1）高斯式模糊。

"高斯式模糊"滤镜可以使位图产生一种朦胧效果，经常用于对一些高光部分进行处理。导入"水果.jpg"文件，选择"位图"→"模糊"→"高斯式模糊"命令，在"高斯式模糊"对话框中设置如图 5-86 所示。

图 5-86　"高斯式模糊"滤镜

半径：可以设置高斯模糊的程度。

（2）动态模糊。

"动态模糊"滤镜可以在指定的方向上为位图应用模糊效果，一般用于表现速度感。导入"car.jpg"文件，选择"位图"→"模糊"→"动态模糊"命令，在"动态模糊"对话框中设置如图 5-87 所示。

图 5-87　"动态模糊"滤镜

间隔：可设置图像的模糊程度。

方向：可设置模糊的方向。

图像外围取样：可设置图像边缘的模糊方式。

（3）放射式模糊。

"放射式模糊"滤镜可使图像产生从中心点开始的一种漩涡模糊效果。导入"pic5.jpg"文件，选择"位图"→"模糊"→"放射式模糊"命令，在"放射式模糊"对话框中设置如图 5-88 所示。

图 5-88 "放射状模糊"滤镜

数量：用于设置旋转模糊的程度。

：单击该按钮，然后在左侧的原始图像预览框中需要作为模糊中心点的位置单击，便可以确定模糊的中心位置。

（4）缩放。

"缩放"滤镜可使图像产生从中心点开始的放射状模糊，形成一个漩涡。导入"pic5.jpg"文件，选择"位图"→"模糊"→"缩放"命令，在"缩放"对话框中设置如图 5-89 所示。

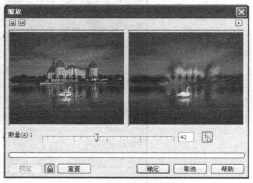

图 5-89 "缩放"滤镜

数量：用于设置模糊的程度。

：单击该按钮，在左侧的原始图像预览框中需要作为模糊中心点的位置单击，便可以确定模糊的中心位置。图 5-89 所示是将模糊的中心点设置在"鹅"身上。

4. 创造性

"创造性"滤镜可以对图像应用不同的底纹和形状，用于模仿工艺品和纺织品的表面。下面介绍几种常用的创造性效果。

（1）工艺。

"工艺"滤镜可通过模仿传统工艺形状创建位图的元素框架效果。导入"冬.jpg"，选择

"位图" → "创造性" → "工艺" 命令, 在 "工艺" 对话框中设置如图 **5-90** 所示。

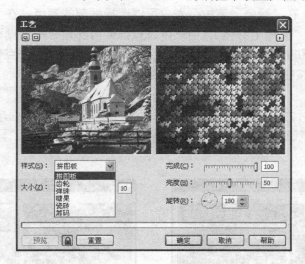

图 5-90 "工艺" 滤镜

样式: 可选择不同的单元格拼贴样式。

大小: 设置工艺图块的大小。

完成: 设置受影响的百分比和工艺图块覆盖部分占整个位图的百分比, 没有覆盖的部分是黑色。

亮度: 可设置拼贴图像中的光线强弱。

旋转: 设置工艺图块的旋转角度。

(2) 框架。

"框架" 滤镜可为位图添加不同形状、不同颜色的相框效果。导入 "pic1.jpg", 选择 "位图" → "创造性" → "框架" 命令, 在 "框架" 对话框中设置如图 **5-91** 所示。

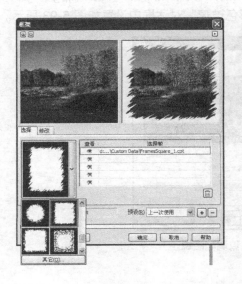

图 5-91 "框架" 滤镜

在"选择"选项卡的下拉列表中可以选择框架的样式，如图 5-91 左图所示。

"修改"选项卡：在"颜色"下拉列表中可以选择框架的颜色；在"不透明"中可以设置框架的透明度；在"模糊（羽化）"中可以设置框架内部边缘的模糊程度；在"缩放"项中可以设置框架左右和上下两侧边框的宽度；还可以设置框架的中心点位置和旋转角度。设置完后单击"确定"按钮可以看到框架修改后的效果。

（3）马赛克。

"马赛克"滤镜可为位图制作出类似于多个小型彩色瓷砖拼贴而成的图像效果。导入"flower.jpg"，选择"位图"→"创造性"→"马赛克"命令，在"马赛克"对话框中设置如图 5-92 所示。

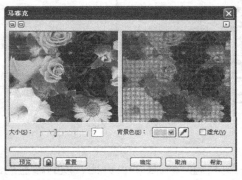

图 5-92　"马赛克"滤镜

大小：可设置马赛克的大小。

背景色：设置马赛克缝隙间的颜色。可用"滴管"工具 取色。

虚光：为马赛克图像添加模糊的羽化框架。

（4）彩色玻璃。

"彩色玻璃"滤镜可为位图制作彩色玻璃块的图像效果。导入"植物.jpg"，选择"位图"→"创造性"→"彩色玻璃"命令，在"彩色玻璃"对话框中设置如图 5-93 所示。

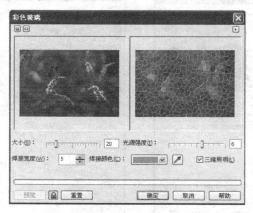

图 5-93　"彩色玻璃"滤镜

大小：可设置彩色玻璃块的大小。

光源强度：可设置彩色玻璃的光源强度。强度越小，显示越暗；强度越大，显示越亮。

焊接宽度/颜色：可设置玻璃块边缘的厚度和颜色。

（5）虚光。

"虚光"滤镜可为位图周边产生一种特定形状和颜色的羽化效果。导入"cat.jpg"，选择"位图"→"创造性"→"虚光"命令，在"虚光"对话框中设置如图 5-94 所示。

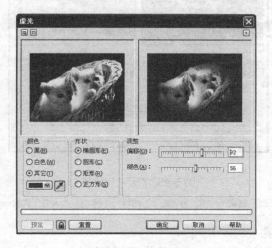

图 5-94　"虚光"滤镜

颜色：可设置虚光的颜色，图 5-94 是利用"滴管"工具 取原图中的颜色。

形状：可选择虚光的形状。

偏移：设置虚光的影响区域。数值越大，虚光显示的范围就越大。

褪色：设置虚光的羽化程度，数值越大，虚光到图像的过渡越柔和；值越小，过渡就越尖锐。

（6）天气。

"天气"滤镜可制作出模拟自然界中的雪、雨和雾天气的特效。导入"山水.jpg"，选择"位图"→"创造性"→"天气"命令，在"天气"对话框中设置如图 5-95 所示。

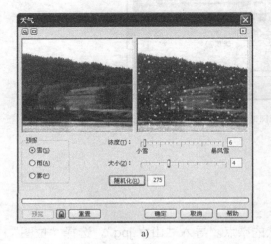

a)

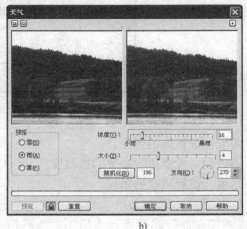

b)

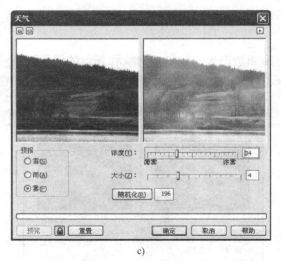

c)

图 5-95 "天气"滤镜

a) "天气"滤镜——雪 b) "天气"滤镜——雨 c) "天气"滤镜——雾

5. 扭曲——风吹效果

"风吹效果"滤镜可以为图像边缘中的像素颜色增加一些小的水平线，使位图产生被风吹动的效果。导入"山水.jpg"，选择"位图"→"扭曲"→"风吹效果"命令，在"风吹效果"对话框中设置如图 5-96 所示。

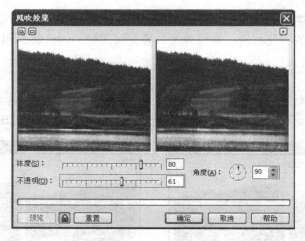

图 5-96 "风吹"滤镜

浓度：设置风的强度。

不透明：设置风吹效果的透明度。

角度：设置风吹的角度。

6. 杂点——添加杂点

"添加杂点"滤镜可以为位图添加颗粒状的杂点。导入"山水.jpg"，选择"位图"→"杂点"→"添加杂点"命令，在"添加杂点"对话框中设置如图 5-97 所示。

图 5-97　"添加杂点"滤镜

　　例如：利用滤镜制作金属的拉丝效果。

01　单击工具箱中的"矩形"工具□绘制一填充 20%黑的矩形，无轮廓色。

02　利用"挑选"工具░选择矩形，选择"位图"→"转换为位图"命令，弹出如图 5-98 所示的"转换为位图"的对话框。单击"确定"按钮，将矢量图转换成位图。

03　选择"位图"→"杂点"→"添加杂点"命令，在"添加杂点"对话框中设置如图 5-99 所示，单击"确定"按钮。"层次"和"密度"可以自己设置。

图 5-98　矢量图转为位图

图 5-99　添加杂点

04　选择"位图"→"扭曲"→"风吹效果"命令，设置如图 5-100 所示。"浓度"和"不透明"可以自己设置。

05　选择"位图"→"模糊"→"动态模糊"命令，设置如图 5-101 所示，单击"确定"按钮。"间隔"和"方向"可以自己设置。

06　应用动态模糊后的效果如图 5-102 所示。

07　单击工具箱中的"裁剪"工具▨，在如图 5-103 所示的区域中拖出矩形框，双击鼠标左键结束裁剪，最终效果如图 5-104 所示。

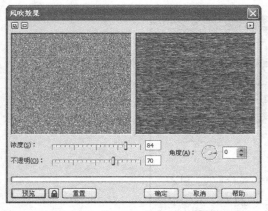

图 5-100 "风吹"滤镜   图 5-101 "动态模糊"滤镜

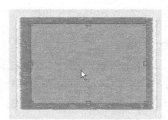

图 5-102 应用模糊效果   图 5-103 裁剪区域   图 5-104 拉丝最终效果

5.3.4 案例实现

01 选择"文件"→"新建"命令，新建默认大小的文档。打开"人物.cdr"文件，选中其中的背景建筑，复制到新建的 CorelDRAW 文档中。如图 5-105 所示。

02 选中背景图形，选择"位图"→"转换为位图"命令，弹出图 5-106 所示的"转换为位图"对话框，单击"确定"按钮，将矢量图转换为位图。

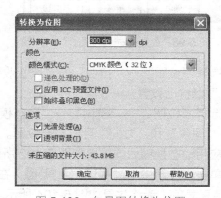

图 5-105 将矢量图转换为位图   图 5-106 矢量图转换为位图

03 选择"位图"→"艺术笔触"→"素描"命令，在弹出的"素描"对话框中设置如图 5-107 所示，设置好后单击"确定"按钮。

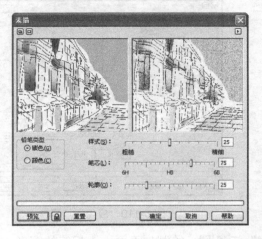

图 5-107　应用素描滤镜

04 选中背景图片，单击工具箱中的"交互式透明"工具，在属性栏中的"透明度类型"下拉列表中选择"标准"，"开始透明度"设置为 70。

05 导入"夜景.jpg"，并调整好大小、位置选择"位图"→"创造性"→"虚光"命令，设置如图 5-108 所示，设置好后单击"确定"按钮。

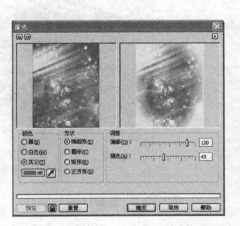

图 5-108　应用虚光滤镜

06 单击工具箱中的"交互式透明"工具，在属性栏中的"透明度类型"下拉列表中选择"射线"，从右侧调色板中将黑色拖至交互式透明的"白色"手柄，将白色拖至交互式透明的"黑色"手柄，并调整中间的矩形滑块，如图 5-109 所示。

07 选中夜景位图，选择"位图"→"创造性"→"天气"命令，为夜景位图添加雪花效果，设置如图 5-110 所示。

08 切换到"人物.cdr"文件，选中人物，复制到新建的文档中，调整好人物的大小和位置，如图 5-111 所示。利用"挑选"工具框选所有对象，单击鼠标右键，在弹出的快捷菜单中选择"锁定对象"命令。

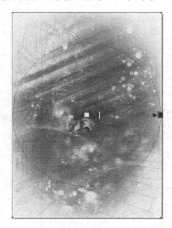

图 5-109　应用射线透明

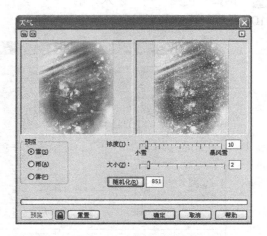

图 5-110　应用天气滤镜

09　用鼠标双击工具箱中的"矩形"工具▢，绘制与页面大小相等的矩形。按小键盘上的【＋】键复制一个矩形，利用"挑选"工具▮并按住【Shift】键缩小矩形，如图 5-112 所示。

图 5-111　复制人物

图 5-112　绘制矩形

10　制作相框。框选两个矩形，用鼠标单击属性栏中的"修剪"按钮▣，选中小矩形按【Delete】键删除，为修剪后的图形填充"冰蓝"色，去除轮廓色，如图 5-113 所示。

11　选中修剪后的图形，选择"位图"→"转换为位图"命令，将矢量矩形框转换为位图，并勾选"透明背景"复选框。

12　选中矩形框，选择"位图"→"创造性"→"彩色玻璃"命令，在"彩色玻璃"对话框中进行设置，如图 5-114 所示，设置好后单击"预览"按钮，然后单击"确定"按钮。应用彩色玻璃滤镜后的效果如图 5-115 所示。

13　选中矩形相框，选择"位图"→"三维效果"→"浮雕"命令，在图 5-116 所示的"浮雕"对话框中进行设置，设置好后单击"预览"按钮，然后单击"确定"按钮。

图 5-113　制作相框

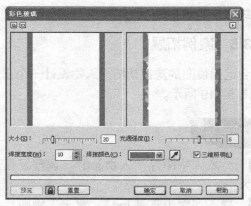

图 5-114　"彩色玻璃"滤镜对话框

图 5-115　应用彩色玻璃滤镜

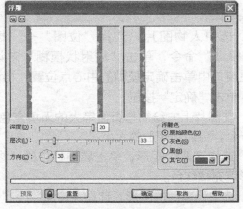

图 5-116　"浮雕"滤镜对话框

14　解锁夜景位图，选中夜景位图，选择"位图"→"创造性"→"框架"命令，添加"框架"滤镜，如图 5-117 所示，并在图 5-118 所示的"修改"选项卡中修改"模糊（羽化）"为 1，设置好后单击"预览"按钮，然后单击"确定"按钮。

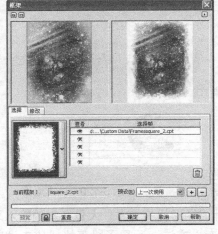

图 5-117　框架滤镜设置 1

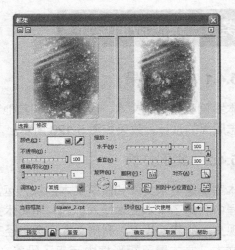

图 5-118　框架滤镜设置 2

最终效果如图 **5-63** 所示。

5.3.5 案例拓展

综合运用位图的滤镜功能为人物设计一个艺术相框，效果如图 **5-119** 所示。

操作步骤

01 导入人物图片"人物.jpg"，调整好在页面中的位置和大小。

02 导入"雪山奇景.jpg"，置于人物图片上方的合适位置，利用"交互式透明"工具 的线性透明使人物和雪山融入一体。

03 选中人物图片，选择"位图"→"模糊"→"放射式模糊"命令，单击"放射状模糊"对话框中的 ，在左窗口中单击确定模糊的中心点位置，再调节模糊的数量，单击"确定"按钮。

图 5-119 艺术相框

04 在图片上方绘制与页面等大的无填充色的矩形，然后按小键盘上的【+】键，原位置复制一个，再调整矩形的大小。

05 选中这两个矩形，单击属性栏中的"修剪"按钮 ，再删除中间的矩形，为修剪后的图形填充橘红色。

06 选中修剪后的图形，选择"位图"→"转换为位图"命令，将矩形框转换为位图。

07 选择矩形框位图，为位图添加杂点滤镜。

08 选择矩形框位图，为位图添加工艺滤镜。

09 选择矩形框位图，为位图添加浮雕滤镜。

任务4 杂志版面设计

5.4.1 案例效果

本案例利用美术文本、段落文本和其他工具来实现杂志版面的设计，效果如图 **5-120** 所示。

5.4.2 案例分析

本案例是美术文本和段落文本的综合运用。在实现过程中利用了美术文本输入标题，将美术文本转曲

图 5-120 杂志版面

后实现文本的艺术效果。利用文本适合路径来设计路径形状的文本，大量文本的输入采用了段落文本，文本置于矩形框内运用了段落文本的嵌入方法。运用了段落格式化去调整行距

间，利用"项目符号"命令来设计各具特色的项目符号，运用"文本"→"栏"命令来实现段落文本的分栏。最后将有特殊字体的文本转曲，以免在其他计算机上打开该文件时缺少该特殊字体。在该案例中还灵活运用了"图框精确剪裁"、"交互式透明"、"交互式填充"工具和图文绕排来实现杂志版面的设计。

5.4.3 相关知识

在 CorelDRAW X4 中，文本是具有特殊属性的图形对象，文本分为美术文本和段落文本。美术文本适合添加各种效果，段落文本适合于大量格式编排的大段文本，它们在使用方法、应用编辑格式、应用特殊效果等方面都有很大的区别。

5.4.3.1 创建美术字

选择工具箱中的"文本"工具字，在绘图页面中单击，出现"I"形插入文本光标，在图 5-121 所示的"文本"属性栏中选择字体，设置字号等属性，然后输入文本，也可以先输入文本再设置文本属性。这种单击后输入的文本是美术文本。

图 5-121 "文本"属性栏

字体：在 宋体 右侧的下拉列表中可选择字体。

字号：在 24pt 右侧的下拉列表中可选择字号或在文本框中输入字号。直接拖动美术字的控制点也可改变字号。

B I U：设置字体为粗体、倾斜和下画线。有些字体的粗体、倾斜属性不可用。

：设置水平对齐方式。

：显示/隐藏项目符号，对段落文本起作用。

：打开/关闭"字符格式化"泊坞窗，"字符格式化"泊坞窗如图 5-122 所示。

：打开图 5-123 所示的"编辑文本"对话框，可以编辑文本的各种属性。

图 5-122 "字符格式化"泊坞窗

图 5-123 "编辑文本"对话框

▤▥：设置文本的排列方式为水平或垂直排列。

图 5-124 所示"天梯"文字为美术字，下面的大段文本为段落文本。

1．选择美术字

（1）利用"挑选"工具 ▨ 单击美术字选择整个美术字文本。

（2）利用"形状"工具 ▨ 单击美术字，这时美术文本的每个字的左下角都会出现白色的小方形，如图 5-125 所示。单击此方形，使之变成黑色，则选择单个字。如果要选择多个字，可按住【Shift】键单击左下角的方形。利用"形状"工具 ▨ 选择单个文本后，可以利用键盘上的【→】【←】【↑】【↓】光标键改变单个字的间距和位置。

图 5-124　美术文本与段落文本

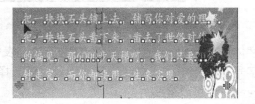

图 5-125　调整美术字的字间距

用鼠标指针拖动 ▧，则可均匀调整美术字文本的行间距；用鼠标指针拖动 ▨，则可均匀调整美术字文本的字间距。

（3）选择工具箱中的"文本"工具 ▨，将鼠标指针移至文本中单击，然后按住鼠标左键拖动来选择美术字文本。

2．改变美术字文本属性

选定美术字后，在"文本"属性栏中可以改变其属性。可以整体改变美术字文本属性，也可以改变单个文字的属性。

3．打散美术字

选中美术字，选择"排列"→"打散美术字"命令或按【Ctrl+K】组合键，将多个美术字打散成单个的美术字。

4．将美术字转化为曲线

选中美术字，选择"排列"→"转换为曲线"命令或按【Ctrl+Q】组合键，将美术字转换为曲线，利用"形状"工具 ▨ 移动节点或调整节点手柄来改变美术字的形状。转换后既可对美术文本进行任意变形，又可以使转曲后的文本对象不丢失其文本格式，尤其是在其他未装该美术字字体的计算机上打开而不会变形。

图 5-126 所示的艺术字即是将美术字转曲后再用利用"形状"工具等进行调整后的

效果。

5.4.3.2　创建段落文本

段落文本包括更多的设置项，能够进行更专业的文本编辑排版，因此常使用段落文本来添加大量的文字。

选择"文本"工具，在绘图页面中需要输入文字的位置按住鼠标左键拖出一个文本框，再在文本框中输入文字。若文本框不能容纳所输入的文字时，则在文本框下面会出现一个向下的箭头，如图 5-127 左图所示。此时可以利用"挑选"工具移至该箭头上，当变成双向箭头时拖动至合适位置即可，如图 5-127 右图所示。利用"挑选"工具拖动文本框右下角向右的箭头，则可调整字间距；拖动文本框右下角向下的箭头，则可调整行间距。也可以利用"形状"工具同美术字一样方法调整字间距和行间距。

图 5-126　艺术字效果

图 5-127　段落文本

（1）文本框的显示与隐藏：选择"文本"→"段落文本框"→"显示文本框"命令。

（2）文本框内文本的两边对齐：选择"文本"→"段落文本框"→"使文本适合框架"命令。

5.4.3.3　转换文本

美术文本和段落文本之间可互相转换，选中要转换的文本，选择"文本"→"转换到段落文本"命令，则将美术字文本转换成了段落文本；选择"文本"→"转换到美术字"命令，则将段落文本转换成美术字。

5.4.3.4　设置段落文本格式

段落文本的设置，如字符格式化、段落格式化、项目符号和分栏等都有单独的泊坞窗或对话框。

1．设置字符格式

选中段落文本，单击"文本"属性栏中的"字符格式化"按钮（组合键【Ctrl+T】），或选择"文本"→"字符格式化"命令，弹出图 5-128 所示的"字符格式化"泊坞窗，在该泊坞窗中可设置字符的格式，如字体、字号和下画线等格式，也可在"位置"列表中设置为上标或下标。

2．设置段落格式

选中段落文本，选择"文本"→"段落格式化"命令，图 5-129 所示为"段落格式化"泊坞窗。

图 5-128 "字符格式化"泊坞窗

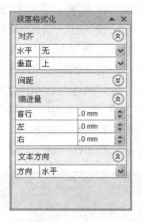

图 5-129 "段落格式化"泊坞窗

在"段落格式化"泊坞窗中可设置段落的对齐方式、段间距、行距和字间距、段落缩进及文字方向。

3．设置分栏

选中段落文本，选择"文本"→"栏"命令，在图 5-130 所示的"栏设置"对话框中进行分栏设置，效果如图 5-131 所示。

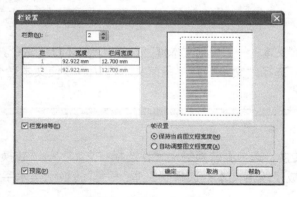

图 5-130 "栏设置"对话框

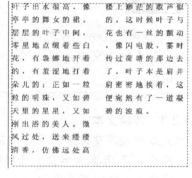

图 5-131 分栏效果

4．设置项目符号

选中段落文本，选择"文本"→"项目符号"命令，在图 5-132 所示的"项目符号"对话框中进行项目符号设置，效果如图 5-133 所示。选定项目符号后，单击右侧调色板中的颜色可以修改项目符号的颜色。

5．设置首字下沉

选中段落文本，选择"文本"→"首字下沉"命令，在图 5-134 所示的"首字下沉"对话框中进行设置，效果如图 5-135 所示。图 5-136 是勾选"首字下沉使用悬挂式缩进"复选框的悬挂下沉效果。

图 5-132　"项目符号"对话框

图 5-133　项目符号设置后的效果

图 5-134　"首字下沉"对话框

图 5-135　首字下沉效果

图 5-136　悬挂下沉效果

6．段落文本的链接

当文本框中的内容显示不下的时候，可以将显示不了的文本置于另一个文本框。操作方法是：利用"文本"工具 字，单击溢出标志 🔽，则光标变为 🔳，将光标移至另一个空文本框，当光标变为向右的黑实心箭头时单击空文本框即可，文本链接效果如图 5-137 所示。

图 5-137　段落文本的链接

5.4.3.5　使文本适合路径

文本可以沿着指定的一个路径对象（如曲线、线条和矩形等）排列，利用属性栏可以调整文本的形状和排列的方向。

1．利用菜单命令使文本适合路径

（1）利用"文本"工具 字 在绘图页面上单击，输入美术字。

（2）利用"贝塞尔"工具 绘制一条路径，如图 5-138 所示。

（3）选中美术字，选择"文本"→"使文本适合路径"命令，将鼠标指针移至路径上，会出现文字沿路径排列的预览效果，拖动鼠标可以进行调整，满意后再单击鼠标左键，确定文本在路径上的位置，最终效果如图 5-139 所示。

图 5-138　文本适合路径　　　　　　　图 5-139　文本适合路径效果

2．利用鼠标右键拖动使文本适合路径

选中文本，按住鼠标右键将其拖至路径上后，在弹出的快捷菜单中选择"使文本适合路径"命令，释放鼠标右键，则文本会置于路径上，如图 5-140 所示。

图 5-140　使文本适合路径

选择路径文本，其属性栏如图 5-141 所示。

文字方向 ：可以其下拉列表中选择文本在路径上的排列方向，如图 5-142 所示。

与路径距离 ：可以设置沿路径排列文字与路径之间的距离。

水平偏移 ：可以设置正值或负值来移动文本，使其靠近路径的终点或起点。

图 5-141 　 "曲线/对象上的文字"属性栏 　 　 　 　 　 　 　 图 5-142 　 文字方向

镜像文本: ：水平或垂直镜像文本。

3．直接在路径上单击输入文本

先绘制路径，选择"文本"工具字，将鼠标指针移至路径上，当鼠标指针变成如图 5-143 左图所示的形状时单击，输入文本，如图 5-143 右图所示。

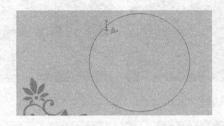 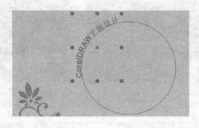

图 5-143 　 直接设置路径文本

在属性栏中设置实现图 5-144 所示的效果。

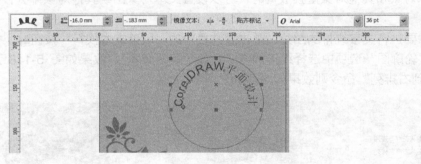

图 5-144 　 设置路径文本

再利用"形状"工具调整美术字的字间距。选择"排列"→"打散在一路径上的文本"命令，或按【Ctrl+K】组合键，分离路径和文本，设置圆的线条色和文字的颜色为红色，圆的轮廓粗细为 2mm；利用"多边形"工具，绘制一五边形，利用"形状"工具调整节点为五角星，填充红色，无轮廓色和调整位置如图 5-145 所示。

图 5-145 　 路径文本效果

如果选择"文本"工具 字，将鼠标指针移至路径上，当鼠标指针变成 ，此时单击鼠标左键，输入的文本即为内置文本，如图 5-146 所示。

选择"排列"→"打散路径内的段落文本"命令，可以移动文本，此时文本仍然保持路径图形的外形。

 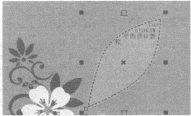 

图 5-146　内置文本

5.4.3.6　图文混排

当文本对象和其他对象重叠放置时，可以设置文本对象围绕其他对象排列，操作方法如下所述。

选择需要进行文字绕排的图片，单击属性栏中的"段落文本换行"按钮，如图 5-147 所示，在"轮廓图"选项中选择绕排的方式，如"跨式文本"，效果如图 5-148 所示。选择"文本从左到右排列"命令则效果如图 5-149 所示。

图 5-147　文本换行　　　　图 5-148　跨式文本　　　　图 5-149　文本从左向右排列

5.4.4　案例实现

01　打开"美容杂志版面设计素材.cdr"，在属性栏中设置页面的宽度为 216mm，高度为 303mm。单击工具箱中的"矩形"工具 ，绘制图 5-120 所示的背景矩形，在图 5-150 所示的"渐变填充"对话框中设置填充从（C:28,M:0，Y:97，K:0）到白色的射线渐变，用鼠标右键单击矩形，在弹出的快捷菜单中选择"锁定对象"命令。

02 利用"矩形"工具，按住【Ctrl】键绘制一正方形，利用"挑选"工具双击矩形，填充"冰蓝"色，取消轮廓色。再绘制一矩形，在图 5-151 所示的"渐变填充"对话框中设置填充从天蓝到白色的线性渐变，取消轮廓色。按【Ctrl+PageDown】组合键向后一层。

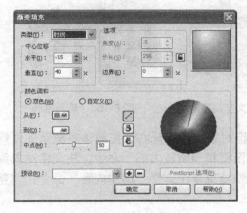
图 5-150　背景矩形填充

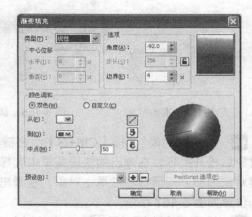
图 5-151　标题背景矩形填充

小贴示

可以为图形先填充渐变色，然后切换到"交互式填充"工具，调整填充的角度、边界，如图 5-152 所示。

图 5-152　交互式填充工具

03 选中正方形和矩形，单击属性栏中的"焊接"按钮，如图 5-153 所示。

04 选择"文本"工具，在绘图页面单击输入"时尚"。在属性栏中选择"微软雅黑"字体，字号合适，加粗，字体颜色为橘红色（C:0,M:60，Y:100，K:0）。

图 5-153　焊接对象

05 按【Ctrl+Q】组合键将美术字转换为曲线，分别选中"时尚"，利用"橡皮擦"工具，在其属性栏中设置好橡皮擦厚度和形状，擦除部分图形，如图 5-154 所示。

06 框选"时"字，借助辅助线鼠标拖动往下移动，与"尚"字平齐，利用"形状"工具调整"时"字上的节点至"尚"字上，框选"寸"字最上面的两个节点，按键盘上的【↑】键往上移动，延长笔画，如图 5-155 所示。

07 利用"椭圆形"工具和"基本形状"工具，绘制文字上的其他图形，设置填充色和轮廓色，如图 5-156 所示。

图 5-154　擦除笔划　　　　图 5-155　调整文字高度　　　　图 5-156　延长笔画

08 框选"时尚"，按【Ctrl+G】组合键群组对象。用鼠标右键拖动该对象至上面焊接的对象后松开鼠标，在弹出的快捷菜单中选择"图框精确剪裁内部"命令，将文字对象置于焊接对象内部。用鼠标右键单击对象，在弹出的快捷菜单中选择"编辑内容"命令，调整文字的位置如图 5-157 所示。

09 选择"文本"工具，在焊接对象上单击输入"美容前线"，设置字体为"华文新魏"，字号合适，字体颜色为白色。

10 按【Ctrl+I】组合键导入人物图片"人物.png"，调整好在页面中的位置，如图 5-158 所示。

图 5-157　图框精确剪裁　　　　图 5-158　导入图片并绘制矩形

11 绘制两个圆，填充色为白色，轮廓粗细为 2.0mm，轮廓色为橘红。导入图片"胭脂.png"、"口红.png"文件，利用"图框精确剪裁"命令，将图片置于圆中，如图 5-158 所示。

12 选择"矩形"工具，在页面的适当位置绘制一矩形，在属性栏中设置矩形的四个边角圆滑度为 25，填充颜色为（C:9,M:0，Y:80，K:0）。利用"交互式透明"工具，在属性栏中的"透明度类型"中选择"标准",设置开始透明度为 **50%**,如图 5-158 所示。

13 按小键盘上的【+】键复制一个矩形。选择"文本"工具字,移动鼠标指针至矩形框,当鼠标指针变成 时,单击输入嵌入式文本,或利用"选择性粘贴"命令复制"文字内容.doc"文件中的相关内容。选择"文雅秀气法"、"妖媚艳丽法"字体设置为"微软雅黑",其他字体为"楷体",字体大小合适。选择"文本"→"段落格式化"命令,在图 5-159 所示的"段落格式化"泊坞窗中设置行间距,使行距合适。

14 分别选择"文雅秀气法"、"妖媚艳丽法",选择"文本"→"项目符号"命令,在图 5-160 所示的"项目符号"对话框中设置项目符号。然后再选择项目符号,单击右侧颜色面板中的橘红。最终效果如图 5-161 所示。

图 5-159 设置行间距

图 5-160 设置项目符号

15 导入"护肤品.png",放置页面的右下角,利用"文本"工具字单击输入"懒女人的 3 分钟洁肤保养",字体颜色为蓝紫,如图 5-162 所示。

图 5-161 输入嵌入式文本

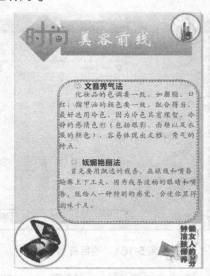

图 5-162 输入美术字

16 选择"文本"工具字,在页面合适位置拉出文本框,输入段落文本,也可以利用"选择性粘贴"命令粘贴文本,内容如样图所示,设置字体、字体大小和颜色,并在"段落格式化"泊坞窗中设置行间距。选择段落文本,选择"文本"→"栏"命令,在图 5-163 所示的"栏设置"对话框中进行设置。如果栏间距不合适的话,也可以将光标移至两栏的分界线上,当鼠标指针变成双向箭头时 ↔ 拖动来调整栏间距。

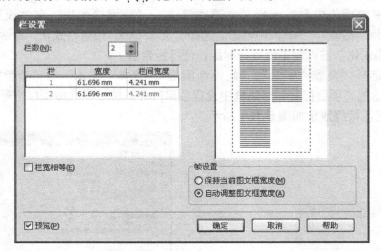

图 5-163 段落文本的分栏设置

17 分别选择洋红色字体的文字,选择"文本"→"项目符号"命令,设置如图 5-164 所示。选择项目符号,单击右侧颜色面板中的洋红色来设置项目符号的颜色,效果如图 5-165 所示。

图 5-164 项目符号设置

图 5-165 项目符号效果

18 选择"贝塞尔"工具 ,绘制路径,如图 5-166 所示。选择"文本"工具 字 ,移至路径上鼠标指针变成 时,在路径上单击输入"赋予你时尚个性的妆容",在属性栏上设置字体和字体大小。按【Ctrl+K】组合键,打散文本路径,选择路径,按【Delete】键删除,效果如图 5-167 所示。

图 5-166 绘制路径

图 5-167 输入路径文本

19 将香水和化妆盒图片置于合适位置，选择香水图片，单击属性栏中的"段落文本换行"按钮，在下拉列表中选择"跨式文本"，最终效果如图 5-117 所示。

20 将文件另存为"美容杂志版面设计.cdr"。

5.4.5 案例拓展

为某杂志设计一封面，杂志封面要烘托出温馨幸福的新婚气氛，效果如图 5-168 所示。

图 5-168 杂志封面

01 设置页面的宽度为 216mm，高度为 303mm。利用图框精确剪裁制作出杂志背景。

02 利用"文本"工具 字 在页面单击输入美术字制作杂志标题，将美术字按【Ctrl+Q】组合键转换成曲线，再利用"形状"工具 来调整曲线形状。

03 利用"轮廓"工具 为曲线或文字描边。

04 利用"交互式阴影"工具 为文字设置阴影效果。

05 利用"形状"工具 调整文字的字间距和行间距，也可在"段落格式化"泊坞窗中进行调整。

06 选择"编辑"→"插入条形码"命令，按"条码向导"完成条形码的插入。

项 6 目

CorelDRAW 印刷知识

教学目标

❖ 了解印刷的色彩常识。
❖ 掌握印前准备知识。
❖ 了解油墨印刷的种类。

任务　CorelDRAW 图形输出

6.1.1　案例效果

本案例学习参会证的设计方法，证件效果如图 6-1 所示。

图 6-1　参会证

6.1.2　案例分析

通常情况下展会证、参会证、出席证和学员证等的成品尺寸宽度为 84mm，高度为 124mm。因为大都是通过印刷方式批量生产的，所以设计制作时必须预留出血，通常情况下根据印刷厂印后裁切要求，出血大小一般是各边为 1mm，或者最大出血不超过 2mm，所以这里设置宽度为 86mm，高度为 126mm。

6.1.3　相关知识

无论是在广告公司、设计室或者印刷厂，大多数设计师的创意稿件最终都是要通过印刷品来表现的。为了将印刷品真实地再现，首先必须了解一些必备的印刷前期的常识。

6.1.3.1　色彩常识

在出版系统中，没有哪种设备能够重现人眼可以看见的整个范围的颜色。每种设备都在一定的色彩空间内工作，只能生成某一范围或色域的颜色。

RGB（红色、绿色、蓝色）和 CMYK（青色、洋红、黄色、黑色）颜色模式代表两类主要的色彩空间。RGB 和 CMYK 空间的色域相差很大，尽管 RGB 色域通常比 CMYK 色域大（即能够表示更多的颜色），但仍有一些 CMYK 颜色位于 RGB 色域之外。另外，在同一颜色模式内，不同的设备产生的色域略有不同。例如，在扫描仪和显示器间存在多种 RGB 空间，在印刷机间存在多种 CMYK 空间。

由于色彩空间不同，在不同设备之间传递文档时，颜色在外观上会发生改变。颜色变化有多种原因：图像源的不同（扫描仪和软件使用不同的色彩空间生成图片）、软件应用程序定义颜色的方式不同、印刷介质的不同（新闻印刷纸与杂志用纸相比，重现的色域较小）和其他物理属性的变化，如显示器在制作或使用年限上的差别等。

6.1.3.2　印前完稿准备

当作品将要进行印刷时，那么要进行以下 5 项检查内容。

（1）出血。

这是平面设计、出版印刷行业的专业术语。"出血"是指印刷品印刷完成后，在印后裁切过程中对边沿切除的一部分，被切除的这部分称为"出血"。在设计制作的时候通常分为设计尺寸（出血尺寸）和成品尺寸，设计尺寸应该比成品尺寸大，大的这部分我们称为预留"出血位"。说得更通俗一点，出血就是设计上的"遮羞布"，如果在设计制作阶段没有预留出血位，就会造成印后裁切困难，更严重的可能导致整批印刷品报废，造成直接经济损失。通常出血大小没有固定的数值，要视印刷品的大小而定，预留出血位的最终目的只有一个，就是便于裁切和装订。

（2）分辨率。

完稿以前的图像分辨率应该达到或高于 300 像素/英寸以上。扫描稿件的分辨率至少要达到 350 像素/英寸以上，如果通过其他途径如网络下载、数码相机、手机拍摄和屏幕抓取软件等方式得到的素材图片，也必须要将其分辨率更改成 300 像素/英寸或以上，以保证印刷出来后图像的清晰度。

（3）色彩模式。

完稿以前的所有对象的颜色模式必须是 CMYK 或者灰度模式。通过网络下载、数码相机、手机拍摄、屏幕抓取和扫描仪等途径获取的图片模式均是 RGB 模式的，必须将其转换成 CMYK 或灰度模式才能作为输出格式。

（4）保存格式。

如果定稿文件是通过 Photoshop 制作完成的，直接用做菲林输出的话，则必须将文件拼合图层、删除多余的通道和路径等，存储文件格式为"TIFF"，在 TIFF 选项设置中，将"图像压缩"选项设为"无"，以加快输出速度；如果文件是通过矢量图形处理软件如 CorelDRAW 制作的，则导入（输入、置入）的图片也必须是 TIFF 格式，切忌以 PSD 或 JPEG 格式图片作为印刷格式，如图片在置入时选择了"外部链接"命令，则文件在输出时必须相应地带上图片，否则在输出时会出现缺少图片的问题；文件制作完成后直接存储为当前软件默认的格式即可（CorelDRAW 软件则存为*.cdr 格式，Illustrator 软件则存为*.ai 格式）。

（5）文字。

如果稿件中文字内容较多且较小，通常应该在矢量软件中对其进行排版制作，在输出之前必须将所有文字内容转换成图形对象（CorelDRAW X4 中按【Ctrl+Q】组合键将文字转换成曲线，Illustrator 和 InDesign 中按【Ctrl+Shift＋O】组合键为文字创建轮廓）。

6.1.3.3　油墨印刷

（1）单色印刷：只限于一种颜色的印刷，印刷品表面只有一种油墨的网点，它可以是黑版印刷，也可以是专色印刷。单色印刷品的稿件是灰度模式的，白色是 0%，最深的实底是100%；在图像输出方面，只需要输出一张胶片（菲林），晒一张 PS 版。单色印刷机只有一个墨斗，通常盛装的是单色油墨，如果要换成其他没墨则需要清洗墨斗。

（2）四色印刷：四色印刷是将青色（C）、洋红（品红 M）、黄色（Y）和黑色（K）4 种不同颜色的油墨依次转移到承印物上，进行色的组合，以形成丰富多彩的颜色，这个过程就是四色印刷的过程。

（3）多色印刷：超过四色以上的印刷方式就是多色印刷，通常多色印刷中都包含有专色。多色印刷最突出的特点是：印刷色彩真实、速度快、效率高和色调过渡平滑。

（4）专色印刷：专色印刷也即是金色、银色印刷。有时在印刷品上印刷金色、银色，会达到更佳的视觉效果。由于金色、银色不能由四色来实现，所以设计稿件时通常都是将其制作成专色，单独出胶片（菲林），单独晒版，单独印刷时采用单独的金色、银色油墨。

6.1.4　案例实现

01 打开 CorelDRAW X4 软件，新建一个空白文档，保存为"参会证.cdr"。

02 在页设置属性栏中，设置页面大小宽度为 86mm，高度为 126mm，如图 6-2 所示。双击工具箱中的矩形图标，生成一个和页面一样大小的矩形，填充为白色。

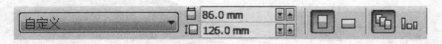

图 6-2　页面设置

03 选择"文件"→"导入"命令，导入标志素材"dgpt.jpg"文件，将标志放在矩形的上方；在标志的下方输入文字"教育部 2012 年度德国职业教育论坛"，设置字体为"微软雅黑"，字号为"14pt"；接着使用"贝塞尔工具"，按住【Ctrl】键不放绘制一条水平直线，灰色，粗细为 0.6mm，效果如图 6-3 所示。

04 选择工具箱中的"贝塞尔"工具，在页面的下方绘制图 6-4 所示的图形，填充为青色（C:100,M:0,Y:0,K:0），去除边框。

05 按【Ctrl+D】组合键复制该图形，放置在其下方，将颜色改为灰色（30%黑），选择"交互式调和"工具,将两者进行调和,设置调和步数为 2,如图 6-5 所示。将调和出来的图形位置进行适当调整,效果如图 6-6 所示。

图 6-3　参会证上部效果

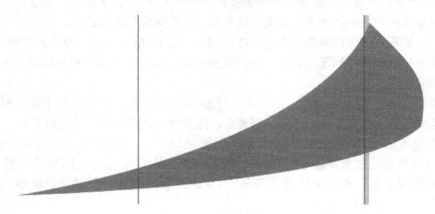

图 6-4　曲线图形

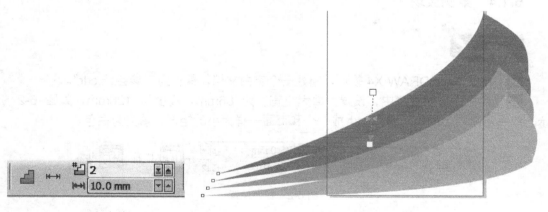

图 6-5　调和步数设置　　　　　　　　图 6-6　调和的效果

06　选中调和出来的图形,选择菜单"效果"→"图框精确裁剪"→"放置在容器中"命令,将出现的黑色箭头单击矩形,这时调和出来的图形被置于矩形框中,效果如图 6-7所示。

07　最后在页面的中央竖着输入"参会证"3 个字,设置色彩为灰色,字体为"微软雅黑",字号为"60pt",效果如图 6-8 所示。

08　按【Ctrl+A】组合键全选所有对象,按【Ctrl+U】组合键,取消全部群组。

图 6-7 图框裁剪效果

图 6-8 最后的效果图

09 选择文件中的所有文本对象，按【Ctrl+Q】组合键将所有文本对象转换为曲线。

10 选择"文件"→"文档信息"命令，在弹出的"文档信息"对话框中查看相关信息，如图 6-9 所示。

文本统计	
该文档中无文本对象。	
位图对象	
位图：	1
嵌入(RGB - 24 位，35.2 KB)	
样式	
图形（总计）：	1
默认图形	9
效果	
调和：	1
图框精确剪裁：	1
填充	
无填充：	1
标准：	8
对象和颜色模型	
CMYK	8
轮廓	

图 6-9 文档的属性

11 选择菜单"文件"→"另存为"命令，将文件另存为"德国职业教育参会证.cdr"。

为何要将文字转换为曲线？把文字转换为曲线之后，它就已经变成图形了，不再是文字对象。即使对方的计算机里没有安装定稿文件中的特殊字体，也不会再提示缺少字体或者使用计算机中的系统字体代替了。

文字转换成曲线后，如果对文件进行了保存，则无法将转换成曲线的对象再转换为文字，所以在对文字转成曲线之前应该对文件进行备份，以便将来对文件进行修改。

6.1.5 案例拓展

绘制 2012 年度东莞家具展览会的参会证。效果如图 6-10 所示。

图 6-10 展览参会证

01 打开 CorelDRAW X4 软件，新建一个空白文档，保存为"展览参会证.cdr"。

02　在页设置属性栏中，设置页面大小宽度为 86mm，高度为 126mm。双击工具箱中的矩形图标，生成一个和页面一样大小的矩形，填充为蓝色。

03　按住【Ctrl+Shift】组合键绘制一个正方形，填色为白色；按【Ctrl+D】组合键复制一个正方形，摆好位置并缩小它。使用"交互式调和"工具将这两个正方形进行调和，调和步数为 6 步，如图 6-11 所示。

04　打开位置变换面板，将调和的正方形水平复制并移动 15mm，共复制 4 个，如图 6-12 所示。

05　按【Ctrl+G】组合键将所有正方形组合，选择菜单"效果"→"透视"命令将图形进行透视，效果如图 6-13 所示。

06　使用"交互式透明"工具，将透视图形进行从下到上的渐变透明。

07　绘制两个无填充色的白边正方形进行调和并透视，制作 4 个方块的标志；绘制一条水平直线，输入相关的文本。

08　按【Ctrl+Q】组合键将页面中所有的文字全部转换成曲线。

09　选择"文件"→"文档信息"命令，在弹出的"文档信息"对话框中查看相关信息，并保存文件。

图 6-11　调和效果

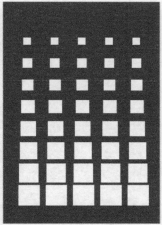
图 6-12　位置变换

图 6-13　调和的效果

第 2 部分
CorelDRAW 项目设计

项7目

标志设计

7.1 标志设计简介

1. 标志的特点

标志（如图 7-1 所示）是一种面向大众的视觉传播符号，其目的是将一个复杂事物的最本质特征以简单的形象表现出来，使之具有丰富的内涵和完美的造型，并通过视觉进行有效传播。

标志要获得良好的传播效果，应具备以下特点。

（1）易识别：标志是传播信息的视觉符号，易于识别是标志设计的前提，其造型语言和构成要素应明确易懂。标志的形式要与内容相一致，即造型要与内涵一致，以利于大众识别。

（2）易记忆：易记忆是指标志的内容要简洁、准确和易于记忆。标志由于受表现空间和构成要求的局限，必须对素材高度概括、提炼和巧妙组合，利用有限的空间及要素，创造出造型简洁、内涵丰富的图形符号。

（3）独创性：标志除具备识别、易记忆的特点外、还应具有区别于其他标志的鲜明的个性特征，即标志的独创性，主要是指标志的设计要创意巧妙、形式新颖和与众不同，能给人以强烈的视觉冲击力。

（4）审美性：审美性是指标志的形象要符合艺术审美规律和形式美法则，要具有强烈的吸引力和感染力，通过优美、别致的造型来传达准和丰富的内涵，令人回味无穷，记忆深刻。

2. 标志设计的表现形式

标志设计应通过简洁、明快、通俗易懂的图像、文字和象征符号来表现，其表现形式可分为具象表现、抽象表现和文字表现 3 种。

（1）具象表现：指以具体形象表达特定的含义。它是以客观物象的自然形态为基础，以经过高度概括与提炼的具象图形为素材进行设计的一种表现形式。

（2）抽象表现：指以抽象的造型来表达特定的含义，以几何图形或符号为素材进行设计的一种表现形式。它是把表达对象的特征部分的抽象出来，通过点、线、面或符号等形式来表现。

（3）文字表现：指把标志的形象与字体结合成一个整体来表达特定含义的表现形式，或单纯以字体作为素材来进行设计的表现形式。

图 7-1 各类标志

3．标志设计的表现方法

标志设计的表现形式确定后，可以采用以下几种表现方法对素材进行设计组合。

（1）夸张变形：这是标志设计常用方法之一。通过对素材的适度夸张、变形来表达标志的主题内容和个性特点。

（2）拟人处理：拟人处理是指对素材进行拟人化处理。具有卡通、漫画的特点，造型简洁、生动和有趣，也是标志设计常用方法之一。

（3）字首构形：字首构形是指以标志主题的第一个字母或汉字为形象进行设计。这种方法有较强的直观性和易识性。

（4）点的构成：点的构成是指标志设计以形状、面积相同或不同的点为素材进行设计。这种方法具有强烈的形式感、秩序感和规律性。

（5）线的构成：线的构成是指标志设计以粗细、长短不同或相同的线为素材进行设计。这种方法有较强的速度感和形式美感。

（6）面的构成：面的构成是指标志设计以体、面的形式构成，通过不同体、面之间的交叉和排列关系，塑造标志形象，具有较强的稳定感和空间感。

（7）诙谐幽默：诙谐幽默是指把标志的形象设计得风趣、幽默。这种方法常以滑稽幽默的表情和动作给人以趣味性。

（8）具象表现：具象表现是标志设计中最简捷、最常用的方法之一。它以客观事物的自然形态为原形，经过概括、提炼得出简洁和单纯的图案式的图形作为标志的形象。这种方法有较强的直观性、通俗易懂性和个性鲜明。

4．标志设计的构成要素

（1）名称：一个出色完美的标志，除了要有优美鲜明的图案，还要有与众不同的响亮动听的名称。名称不仅影响今后商品在市场上流通和传播，还决定标志的整个设计过程和效果。如果标志有一个好的名字，能给图案设计人员更多的有利因素和灵活性，设计者就可能发挥更大的创造性。反之就会带来一定的困难和局限性，也会影响艺术形象的表现力。因此，确定标志的名称应遵循"顺口、动听、好记和好看"的原则。要有独创性和时代感，要富有新意和美好的联想。如"雪花"牌电冰箱，并给人以冷冻的联想，为企业和产品性质树立了明确的形象。又如"永久"牌自行车，象征着"永久耐用"之意，体现了商品的性质和效果。"万里"牌皮鞋等。

（2）图案：各国名称、国旗、国徽、军旗和勋章，或与其相同或相似者，不能用做商标图案。国际国内规定的一些专用标志，如红"十"字、民航标志和铁路路徽等，也不能用做商标图案。此外，取动物形象作为商标图案时，应注意不同民族、不同国家对各种动物的喜爱与忌讳。

（3）色彩：在标志文化发展史上，色彩的地位是十分重要的。作为要传达的信息十分有限，而色彩以其明快、醒目的视觉传达特征与象征性力量发挥着巨大的威力。

标志图形的色彩选择应着重考虑到各种色相明度、纯度之间的关系，研究人们对不同颜色的感受和爱好。标志色彩的具体要求是用色单纯，最好用一种色彩来统一图形，否则会给人一种零乱、难识的感觉，使标志起不到应有的作用。

标志色彩的搭配一般有 3 种基本方法。一是原色搭配：原色的颜色单纯、强烈和鲜明夺目，艺术效果和传播效果显著。二是同类色搭配：只选择一种颜色，采用依靠色彩明亮度变化的办法，如用桔红、桔黄、中黄和浅黄进行搭配，形成由浅入深的过度色视觉，能表达出动态感。三是补色搭配：这种色彩配置，对比鲜明，图形格式醒目鲜艳，能给人以很强的视觉冲击效果。

5．标志的设计流程

（1）调查研究：标志设计的第一步应先进行调查研究，了解有关信息资料，包括企业的性质、产品的特性、企业的生产能力、产品的销售对象和销售区域以及产品的竞争对手等方面的资料，为标志创意和设计作准备。

（2）设计构思：设计构思的过程也是创意形成的过程，需要对所调查和收集的资料进行整理和归纳，打出对创意有帮助的材料作为设计的素材，充分发挥设计者的创造性思维，运用形式美法则和标志设计的表现形式，对标志的形象进行整体构思。

（3）草图阶段：草图是设计构思的具体表现，设计者应根据设计构思，运用多种表现形式和表现方法，画出大量不同形象的草图，然后从中筛选、深化。

（4）深化阶段：从大量草图中挑选出几个比较满意的方案。挑选的原则主要包括：标志的立意是否准确，形象是否简洁、醒目和富有美感，标志的创意是否具有独特的个性。然后广泛征求意见，反复修改，最后确定一至二个最佳设计方案。

（5）设定色彩：标志的色彩一般设定一至二种颜色，最多不超过三种。色彩的设定应以标志所要表现的企业或商品的性质为依据，以简洁、鲜明、突出个性为原则。

（6）制作正稿：标志正稿的制作一般包括手绘和计算机制作两种形式。近年来常用计算机进行辅助设计，制作标志常用的软件有 CorelDRAW、Freehand 和 Illustrator 等。虽然制作软件能给设计工作带来极大的方便，但是计算机只是一种辅助工具，它无法代替人脑进行创意设计，因此，设计者还应不断提高自身的创造性思维能力，丰富知识结构，才能设计出成功的标志。

7.2　银行标志设计

银行标志设计有抽象性的、具象性的和无图案的文字标志。银行标志设计策划制作过程实质上是一个企业理念的提炼和实质的展现的过程，而非简单的图形和文字的叠加。一款优秀的银行标志设计应该是给人以艺术的感染、实力的展现和精神的呈现，而不是枯燥的文字和呆板的图形。以下图 7-2 是几家国内较有实力银行的标志。

本项目是制作某银行的标志，如图 7-3 所示。

7.2.1　项目分析

（1）该标志是由一个外圆，四片花瓣及一个正方形构成。4 片花瓣可设置正方形的 3 个角的边角圆滑度而得到。该标志色彩为纯红色，代表喜庆和中国红，里面还有一个中国结，非常有中国特色。

（2）通常情况下，彩色印刷品采用的模式都是 CMYK（其代表印刷上的 4 种油墨名称，C 表示青色，M 表示洋红，Y 表示黄色，K 表示黑色），分辨率应该达到或高于 300ppi（即像素/英寸）。如果是制作高档杂志、画册或特殊印刷品，分辨率至少应达到 350ppi。

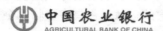

图 7-2   银行标志   图 7-3   银行标志

（3）本项目主要涉及矩形圆角、群组、旋转复制和对齐等工具的使用。

7.2.2   项目实施

操作步骤

01   新建文件，命名为"bank.cdr"。

02   选择"矩形"工具按住【Ctrl】键绘制一正方形，设置正方形轮廓为 16 点粗，红色，如图 7-4 所示。将正方形其属性栏中 `100 100 100 0` 的 4 个角的角度分别调整为 100,100,100,0。得到的结果如图 7-5 所示。

图 7-4   正方形   图 7-5   花瓣效果

03   将得到的第一片花瓣进行旋转复制。选择菜单"排列"→"变换"→"旋转"，打开旋转面板如图 7-6 所示，在角度栏中输入 90，然后双击花瓣，将其中心点移至右下角的位置，如图 7-7 所示。单击旋转面板中的"应用到再制"按钮，得到图 7-8 所示的图形。

图 7-6　圆角

图 7-7　中心点位置

图 7-8　圆角后的效果

04 按【Ctrl+G】组合键将四片花瓣组合。按住【Ctrl】键绘制一个正方形，同样设置其轮廓为 16 点粗细，红色。将正方形与四片花瓣组合进行居中对齐，得到如图 7-9 所示的图形。

05 再按住【Ctrl】键绘制一个正圆，同样设置其轮廓为 16 点粗细，红色。将所有图形选中进行居中对齐，得到如图 7-10 所示的图形。

图 7-9　焊接

图 7-10　最后的效果

7.3　通信企业标志设计

通信企业标志中抽象标志比较多，如图 7-11 所示。一般由图案和文字构成，当然也有无图案的文字标志，如小米、诺基亚等。

本项目是制作一通信网络公司的标志：

如图 7-12 所示，该标志简约而经典，图形新颖有趣，给人深刻的印象，其灵感来自于电视彩条信号。

7.3.1　项目分析

（1）本标志由图形和文字构成。图形由各种彩色同心圆构成，右边的两个扇形彩条可从大同心圆中裁剪出；文字部分可通过轮廓图工具制作而获得。

（2）本项目主要涉及圆的绘制、"裁剪"工具、"轮廓图"工具的使用。

互联网手机

天翼品牌

中国铁通

大唐移动

中国卫星通信集团

中国电信

中国移动通信

图 7-11 通信企业标志

图 7-12 通信网络标志

7.3.2 项目实施

01 新建文件，命名为"通信网络.cdr"。

02 利用"椭圆"工具绘制一正圆，填充为宝石红色。按住【Shift】键的同时拖动四角中的某个角到合适的位置后，单击鼠标右键结束。这时同心圆就被复制出来了，将各同心圆填充上不同的颜色，如图 7-13 所示，并将边框线去除。

03 将所有同心圆按【Ctrl+G】组合键进行组合，绘制一矩形放置图 7-14 所示位置。框选所有图形，选择菜单"排列"→"造型"→"修剪"命令，去修剪同心圆，效果如图 7-15 所示。

图 7-13 同心圆

图 7-14 修剪图形

04 用"手绘"工具绘制图 7-16 所示的黑色三角形，框选所有图形，用"相交"工具得到图 7-17 所示的图形，对其取消全部群组，然后一格一格地填充不同的颜色，如图 7-18 所示。

图 7-15 修剪结果

图 7-16 黑色三角形位置

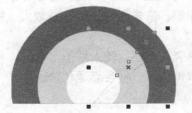

图 7-17 修剪结果

图 7-18 填充后的扇形

05 将这小扇形组合，放大一点，如图 7-19 所示。使用第 4 和第 5 步同样的方法制作右下角的扇形，如图 7-20 所示。

06 文字部分的绘制。输入黑色文字"network"，设置字体为"Franklin Gothic Medium"，使用"交互式轮廓图"工具对文字添加白色轮廓，"交互式轮廓图"工具的属性栏设置如图 7-21 所示。效果如图 7-22 所示。

图 7-19　放大小扇形后的位置　　　　图 7-20　右下角扇形

图 7-21　轮廓图属性栏设置

图 7-22　最后的效果图

7.4　项目总结

1．标志设计的基本要求

（1）标志设计须充分考虑其实现的可行性，针对其应用形式、材料和制作条件采取相应的设计手段及在应用于不同的视觉传播方式（如印刷、广告和映像等）或放大、缩小时的视觉效果。

（2）在设计中使用图形制作须简练、概括且讲究艺术性，使人易于记忆。

（3）设计要符合作用对象的直观接受能力、审美意识、社会心理和禁忌。

（4）色彩要单纯、强烈、醒目。

2．标志设计的技巧

（1）一个标志中尽量不要使用超过两种字体，3 种颜色。

（2）标志中的每个元素都应该排列地井井有条。

（3）标志中尽量避免复杂的细节，图案和文字必须清晰明了。

（4）不要使用特殊效果，如斜体、阴影和反射等。

（5）避免使用明亮霓幻颜色，以及灰暗呆板颜色。

3．CorelDRAW 绘制标志的技巧

（1）利用"图样"工具绘制的表格既能群组又能取消群组成为一个个独立的格子对象，这样在制作一些规则的图案标志时，是非常有用的。有时也可以借助辅助线来绘制一些标准图案。

（2）要善于使用"造型"工具中的焊接、修剪和相交来变化出想要的图案。

（3）要多积累和保存各式各样的字体，同时在标志中出现的文字最后都要转为曲线成为图形，避免在印刷和打印时丢失字体。

A 银行标志如图 7-23 所示。从中国文化出发，以古铜钱为基础的外圆内方图形，象征着积累和开放，体现根植中国、面向世界的意念。

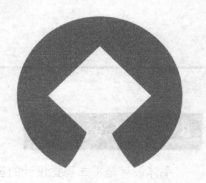

图 7-23　A 银行标志

01　选择"椭圆"工具并按住【Ctrl】键绘制一个正圆，填充红色。选择"矩形"工具也按住【Ctrl】键绘制一个正方形，旋转 45°；同时框选正圆和正方形，将它们水平和垂直居中对齐，同时将两对象进行修剪。

02　绘制一个三角星形，填充为黑色，摆放在圆的下方，如图 7-24 所示，然后将这两个对象去边并修剪，效果如图 7-25 所示。

图 7-24　图形焊接

图 7-25　焊接后的效果

项 **8** 目

字体设计

8.1 字体设计简介

字体设计是平面视觉设计的重要组成部分，是对文字的形象进行艺术处理，以增强文字的传播效果。字体设计是每一个从事平面设计工作者所必修的基础课之一，而且是几乎所有的平面设计领域都要涉及的基本问题。字体艺术的研究是非常广泛的，字体艺术设计作为一个整体的概念有着丰富的内涵、开放性的语言、千变万化的设计手法与视觉语言，字体设计应当是视觉传达、个性风格、识别印象和审美意味等方面的完美结合。

1．字体设计的要求

（1）整体风格的统一。

在进行设计时必须对字体作出统一的形态规范，这是字体设计最重要的准则。字体在组合时，只有在字的外部形态上具有了鲜明的统一感，才能在视觉传达上保证字体的可认性和注目度，从而清晰准确地表达字体的含义。

（2）笔画的统一。

字体笔画的粗细是构成字体整齐均衡的一个重要因素，也是使字体在统一与变化中产生美感的必要条件，字体笔画的粗细要有一定的规格和比例，在进行字体设计时，同一字内和不同字间的相同笔画的粗细、形式应该统一，不能使字体因变化过多而丧失了整体的均齐感，使人在视觉上感到不舒服。

（3）方向的统一。

方向的统一在字体设计中有两层含义：一是指字体自身的斜笔画处理，每个字的斜笔画都要处理成统一的斜度，不论是向左或向右斜的笔画都要以一定的倾斜度来统一，以加强其统一的整体感。二是为了造成一组字体的动感，往往将一组字体统一有方向性的斜置处理。在作这种设计时，首先要使一组字中的每一个字都按同一方向倾斜，以形成流畅的线条；其次是对每个字中的副笔画处理时，也要尽可能地使其斜度一致，这样才能在变化中保持同一的因素，增强其整体的统一感。而不致于因变化不统一，显得零乱而松散，缺乏均齐统一的美感，难以产生良好的视觉吸引力。

FROMETRON BRIDGESTONE

（4）空间的统一。

字体的统一不能仅看到其形式、笔画粗细和斜度的一致，统一产生的美感往往还需要字体笔画空隙的均衡来决定，也就是要对笔画中的空间作均衡的分配，才能造成字体的统一感。字体有简繁，笔画有多少之分，但均需注意一组字字距空间的大小视觉上的统一，不能以绝对空间相等来处理。笔画少的字内部空间大，在设计时应注意要适当缩小，才能与其他笔画多的字达到统一。空间的统一是保持字体紧凑、有力和形态美观的重要因素。

GULLIVER MACHOMES

2．字体设计的制作过程

（1）设计定位。

正确的设计定位是设计好字体的第一步，它来自对其相关资料的收集与分析。当我们准备设计某一字体时，应当先考虑到字体传递何种信息内容，给消费者以何种印象，设计定位是为了传递讯息还是增加趣味，或者二者兼有；在何处展示和使用，寻找适当的设计载体、合适的形态、大小和恰当的表现手段；什么是设计切入点，表现方式是否正确，是否表达清楚；表现内容是严肃的还是幽默的；信息是否有先后次序；是否需要编辑等。

（2）创意草图。

一旦有了主题和创意的一些想法，先用草图记录下来，考虑一下使用何种色彩、形态和肌理；表现某个特定时期的某种风格，会令人想起某个特殊的事件或者感受。通过这种方法，可以对创意所需要的形式进行判断。放开思路，以视觉方式进行思考，不要过多地考虑细节，色彩在一开始的思考中就应该放进构思中，而不能到最后才考虑。设计开始时可以使用记号笔、色粉笔和水粉笔等工具。

（3）方案深入。

有时，一开始的创意未必能成为最满意的设计，如果对最终的结果不满意，可以先设计第二或者第三方案。每一种方案的设计都必须深入下去，频繁地更换想法只能导致失败和灰心。没有一种方案是万无一失的，但是这种工作方法可以打下一个很好的基础。

（4）提炼综合。

将设计中最合适的部分，再进行进一步的修改。应针对设计的每一部分逐个进行提炼和发展，以提炼出最佳方案。

（5）修改完成。

将最后的设计方案通过设计软件进行加工，全面考虑形态、大小、粗细、色彩、纹样、肌理以及整体的编排，以达到预期的效果。

文字通过文字本身的"形"来传递信息，人们通过对形的认识来转化对形之外的"音"和"义"，了解信息传达的真正内涵，"形"与"意"相和，才是好的设计。

8.2 组合字体设计

本例制作一个字母组合字效果，如图 8-1 所示。使用英文字母组合为中文文字。

8.2.1 项目分析

（1）英文字体组合设计原则：英文字体组合设计的成功与否，不仅在于字体自身的书写，同时也在于其运用的排列组合是否得当。如果文字排列不当，拥挤杂乱，缺乏视线流动的顺序，就难以产生良好的视觉传达效果。要取得良好的

图 8-1 字母组合字

排列效果，关键在于找出不同字体之间的内在联系，对其不同的对立因素予以和谐的组合，在保持其各自的个性特征的同时，又取得整体的协调感。

（2）设计创意：文字效果创造性地把统一风格的英文字母组合为中文文字，不仅增添了趣味性，也体现了创意效果，由此可见文字创意的无限可能性。

（3）本项目主要涉及"文本"工具、"矩形"工具和"形状"工具的使用。

8.2.2 项目实施

01 打开 CorelDRAW X4，按【Ctrl+N】组合键，新建一个页面。

02 选择"文本"工具**字**，在绘图页面输入字母"LUHIJIS"，在输入字母前可以按照要写作的中文文字的笔画形态拼放字母。设置文字字体为"方正粗宋简体"，如图 8-2 所示。

03　执行"排列"→"打散美术字"命令,将其拆分成可单独编辑的字母。根据中文笔画的结构,将相应字母排放为中文的大概字型。字母"S"设置为"KissMe"字体并复制一个,分别作为"界"字中间的两个笔画,效果如图 8-3 所示。

图 8-2　输入字母

图 8-3　字母排列为中文的字型

04　选择字母"LU",向右移动靠近其他字母。同时选择字母"HI",执行"排列"→"对齐和分布"命令,使"LUHI"4 个字母的上部对齐,效果如图 8-4 所示。

05　选中所有字母,按【Ctrl+Q】组合键,将其转换为曲线。双击字母"L",框选下边横笔画的所有节点,向下拖曳以拉长竖笔画,如图 8-5 所示。

图 8-4　字母顶端对齐

图 8-5　拖曳节点以拉长竖笔画

06　调整完竖笔画后,在横笔画上边水平的线上双击添加一个节点。以此为界,再框选下边横笔画右边的节点,向右拖曳以拉长横笔画,如图 8-6 所示。

07　编辑完成字母"L"的笔画后,将其向右移动,与字母"U"排列紧凑。其他字母也同样进行适当的调整,效果如图 8-7 所示。

图 8-6　拖曳节点以拉长横笔画

图 8-7　字母排列紧凑

08　选择"矩形"工具□,在文字上以"H"的中间横笔画为标准,绘制细长矩形框,如图 8-8 所示。

09　选择绘制的矩形框,填充黑色,去除轮廓线。调整矩形的高度,使其成为略细的贯穿文字的笔画,再输入相应的英文,排列左下角,即可完成最终效果,如图 8-9 所示。

图 8-8 绘制细长矩形框   图 8-9 最终效果

8.3 变形字体设计

本例制作一个变形文字效果，如图 8-10 所示，主要使用"贝塞尔"工具对文字进行变形。

8.3.1 项目分析

（1）字体设计原则：首先要有辨识性，文字设计的最终目的在于传达设计师对设计主题的构想与表现；其次要有视觉感，视觉美感是文字设计的基本要求；最后要有个性，文字设计的诉求要符合作品的风格特征。

图 8-10 变形文字效果

（2）设计创意：本案例制作的是一个夏季海报，夏天是一个炎热的季节，人们最希望看到和感受到的就是冷色调和清爽的画面，因此设计时运用冷色调吸引人的注意，才能更好地展示画面中的内容。

（3）本项目主要涉及"文本"工具、"贝塞尔"工具、"形状"工具的使用和文字打散命令及文字转换为曲线命令的使用。

8.3.2 项目实施

制作背景图形步骤如下。

01 打开软件，按【Ctrl+N】组合键新建一个 A4 页面。单击属性栏中的"横向"按钮，页面显示为横向页面。选择"矩形"工具，在页面绘制一个矩形。

02 选择工具箱中的"填充"工具，在弹出的列表中选择渐变填充，在打开的"渐变填充"对话框中设置渐变类型为射线，颜色调和为自定义，颜色的 CMYK 值分别为：C=100、M=40、Y=0、K=0；C=100、M=0、Y=0、K=0；C=100、M=40、Y=0、K=0，单击"确定"按钮为矩形填充渐变色，然后用鼠标右键单击调色板的图标，取消轮廓色，效果如图 8-11 所示。

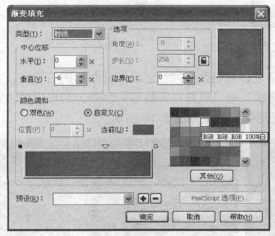

图 8-11 矩形填充渐变色

03 执行"文件"→"导入"命令，找到素材"水珠.jpg"，打开素材图像，使用"挑选"工具将图像放到渐变矩形中，适当调整其大小，效果如图 8-12 所示。

04 选择"贝塞尔"工具，在页面绘制出花瓣图形，如图 8-13 所示。

图 8-12 导入水珠图片　　　　　　　　图 8-13 花瓣图形

05 选择花瓣图形，单击工具栏中的"交互式填充"工具，在属性栏中设置渐变类型为线性，渐变填充中心点为 50。单击填充下拉按钮，在弹出的面板中单击"其他"按钮，在"选择颜色"对话框中设置颜色值为 C=40、M=0、Y=0、K=0（冰蓝色），单击"确定"按钮，设置起始色，保持终止色为白色，去除图形的轮廓线，效果如图 8-14 所示。

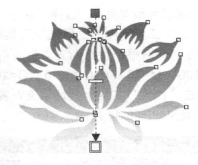

图 8-14　花瓣填充渐变色

06　选择花瓣图形，旋转图形到合适的角度，将该图形放到蓝色渐变矩形的右下角，如图 8-15 所示。执行"效果"→"图框精确剪裁"→"放置在容器中"命令，当出现黑色箭头符号时，单击蓝色渐变矩形，将其放置在矩形中，效果如图 8-16 所示。

图 8-15　花瓣放在矩形右下角

图 8-16　花瓣置于矩形中

制作文字效果如下。

01　选择"文本"工具字，输入文字"激爽 e 夏"，在属性栏的"字体列表"下拉列表框中选择字体为"方正大标宋简体"，如图 8-17 所示。

02　使用"挑选"工具 选择文字，再次单击，文字将变为可以旋转状态，将鼠标放到文字下方双箭头图标上，按住鼠标向左拖动，即可倾斜文字，如图 8-18 所示。

激爽e夏　激爽e夏

图 8-17　输入文字　　　　　　　　　　　　图 8-18　文字倾斜

03　执行"排列"→"打散"命令，将文字分离为单独的个体，再分别选择每一个文字，按【Ctrl+Q】组合键，将文字转换为曲线。

04　选择第一个文字"激"，使用"形状"工具 在笔画上添加节点，调整节点得到形状的弯曲变化，如图 8-19 所示。

05　在图形中间的圆形中再绘制一个月牙图形，填充为白色。选择"椭圆"工具 ，按住【Ctrl】键在图形上方弯曲的位置绘制一个正圆形，填充为黑色，选择图形和文字，单击属性栏中的"结合"按钮 ▣ ，让图形与文字结合为一个图形，如图 8-20 所示。

图 8-19　文字笔画弯曲效果　　　　　　　　　　图 8-20　激字最终效果

06　选择第二个文字"爽"，使用"形状"工具 ▲ 删除文字右下角的节点，调整其旁边节点的控制手柄，将该笔画调整为尖角状态，如图 8-21 所示。

07　选择"贝塞尔"工具 ◥ ，在"爽"字下方绘制一个曲线造型如图 8-22 所示，选择图形和文字，单击属性栏中的"结合"按钮 ▣ ，让图形与文字结合为一个图形。

图 8-21　删除右下角节点　　　　　　　　　　图 8-22　爽字最终效果

08　选择"e"字，将其适当放大，使用"形状"工具 ▲ 对文字进行适当调整，将部分笔画变细，效果如图 8-23 所示。

09　选择"夏"字，使用"形状"工具选择其右下角节点，向外拖动鼠标，将该笔画变细，参照"激"字左侧的花纹图形，绘制一个相同的图形放到"夏"字右侧，效果如图 8-24 所示。

图 8-23　e 字最终效果　　　　　　　　　　图 8-24　夏字最终效果

10 将 4 个文字结合成一个整体。选择工具箱中的"填充"工具，在弹出的列表中选择渐变填充，在打开的"渐变填充"对话框中设置渐变类型为射线，颜色调和为自定义，颜色的 CMYK 值分别为：C=100、M=67、Y=30、K=0；C=100、M=20、Y=0、K=0；C=100、M=70、Y=24、K=2，单击"确定"按钮为文字填充渐变色，效果如图 8-25 所示。

11 将文字复制一个，填充白色，移动到渐变色文字上，将文字放到蓝色渐变矩形中，效果如图 8-26 所示。

图 8-25　文字填充渐变色

图 8-26　文字最终效果

12 选择"文本"工具，在蓝色渐变矩形的右下方输入文字，填充白色，设置字体为 Arial Black，如图 8-27 所示。

13 选择文字，按【Ctrl+K】组合键将文字打散。使用"形状"工具调整文字形状，效果如图 8-28 所示。

图 8-27　Summer 文字

图 8-28　文字变形效果

14 执行"文件"→"导入"命令，找到素材"水泡.jpg"，打开素材图像，执行"效果"→"图框精确剪裁"→"放置在容器中"命令，将水泡图片放置到英文字母中，效果如图 8-29 所示。

15 使用"贝塞尔"工具和"形状"工具，在文字右侧绘制一条白色曲线，按住【Ctrl】键向下移动曲线，同时用鼠标右键单击，复制多条曲线，如图 8-30 所示。

图 8-29　图片置于文字中

图 8-30　白色曲线效果

16 完成实例制作，保存文件。

8.4　项目总结

1．确定文字设计风格

文字设计的重要一点在于要服从表达主题的要求，要与其内容吻合一致，不能相互脱离，更不能相互冲突。

文字的风格有以下几种：① 秀丽柔美，字体优美清新，线条流畅，给人以华丽柔美之感，此种类型的字体，适用于化妆品、饰品、日常生活用品和服务业等主题。② 稳重挺拔。字体造型规整，富于力度，给人以简洁爽朗的现代感，有较强的视觉冲击力，这种个性的字体，适合于机械科技等主题。③ 活泼有趣。字体造型生动活泼，有鲜明的节奏韵律感，色彩丰富明快，给人以生机盎然的感受。这种个性的字体适用于儿童用品、运动休闲和时尚产品等主题。④ 苍劲古朴。字体朴素无华，饱含古时之风韵，能带给人们一种怀旧感觉，这种个性的字体适用于传统产品，民间艺术品等主题。

２．设计制作要领

字体的设计和编排，最终目的是为了提高字体的可视性、思想性和美观性，提高广告文案的整体视觉效果，加强版面的感染力与冲击力，因此字体的设计应考虑三点：鲜明表达设计主题、增加注目效果和吸引力和提升审美价值。

文字设计的成功与否，不仅在于字体自身的书写，同时也在于其运用的排列组合是否得当。如果文字排列不当，拥挤杂乱，缺乏视线流动的顺序，则难以产生良好的视觉传达效果。

通过本章节的学习，读者应掌握字体设计的原则和制作要领。

制作图 8-31 所示 POP 广告字体。

图 8-31　POP 广告字体

01　使用"文本"工具字输入文字，将文字转化为曲线，使用"形状"工具修改文字的形状。

02　为文字添加轮廓，设置适当的轮廓宽度。

03　使用"矩形"工具、"椭圆"工具、"贝塞尔"工具制作装饰图形。

项 9 目

名片设计

9.1 名片设计简介

名片如图 **9-1** 所示。作为一个人、一种职业的独立媒体,在设计上要讲究其艺术性。但它同艺术作品有明显的区别,它不像其他艺术作品那样具有很高的审美价值,可以去欣赏,去玩味。它在大多情况下不会引起人的专注和追求,而是便于记忆,具有更强的识别性,让人在最短的时间内获得所需要的情报。因此名片设计必须做到文字简明扼要,字体层次分明,强调设计意识,艺术风格要新颖。

1.名片设计的基本要求应强调 3 个字:简、功、易

(1)简:名片传递的主要信息要简明清楚,构图完整明确卡。

(2)功:注意质量、功效,尽可能使传递的信息明确。

(3)易:便于记忆,易于识别。

2.名片的构成要素

(1)标志:用图案或文字造型设计并注册的商标或企业标志。

(2)图案:形成名片特有的色块构成。

(3)文案:名片持有人姓名、通信地址和通信方式等。

3.名片的设计程序

名片设计之前,首先做到 3 个方面的了解:

◇ 了解名片持有者的身份、职业。

◇ 了解名片持有者的单位及其单位的性质、职能。

◇ 了解名片持有者及单位的业务范畴。

其次,要有独特的构思。

独特的构思来源于对设计的合理定位,来源于对名片的持有者及单位的全面了解。一个好的名片构思经得起以下几个方面的考核。

◇ 是否具有视觉冲击力和可识别性。

◇ 是否具有媒介主体的工作性质和身份。

◇ 是否别致、独特。

◇ 是否符合持有人的业务特性。

再次,要进行设计定位。

依据对前 3 个方面的了解确定名片的设计构思,确定构图、确定字体和确定色彩等。

图 9-1 各类名片

名片设计不同于一般的平面设计，大多数平面设计作品表现手法从多，给人以足够的表现空间，然而名片则不同，要在方寸之间，表现出潜在的商业价值，同时需要让人在 3s 以内能从名片中找到所需要的信息，它要求具有更强的识别性，因此名片设计必须做到简明扼要、层次分名、清爽大方、款式新颖。

9.2　常规名片设计

制作一张常规名片，宽为 90mm，高为 54mm，横式，如图 9-2 所示。

图 9-2　常规名片

名片内容如下。

姓名：张三（总经理）。公司名：广东 AA 技术有限公司（Guangdong **** Technology Co.,Ltd.）。地址：广州市天河区* 路数码广场 0000 室。传真：020－88887777。手机：13900000000。QQ：1111111。E-mail:1111111＠qq.com。网站：www. aaa.com。

9.2.1　项目分析

（1）名片尺寸。在日常生活中常规名片的成品尺寸分为：横式为 90mm×54mm，竖式为 54mm×90mm。因为名片大都是通过印刷方式批量生产的，所以设计制作时必须预留出血，通常情况下根据印刷厂印后裁切要求，出血大小一般是各边 1mm，或者最大出血不超过 1.5mm，这里本名片的出血大小各边设为 1mm。

（2）通常情况下，彩色印刷品采用的模式都是 CMYK（其代表印刷上的 4 种油墨名称，C 表示青色，M 表示洋红，Y 表示黄色，K 表示黑色），分辨率应该达到或高于 300ppi（即像素/英寸）。如果是制作高档杂志、画册或特殊印刷品，分辨率至少应达到 350ppi。

（3）名片采用黄色系为主色调，文本内容放于名片中间，简洁大方，容易识别。

（4）本项目主要涉及色彩交互式填充，封套工具，镜像复制、文本等工具的使用。

9.2.2 项目实施

01 新建文件"公司名片 1.cdr"，在文件属性栏中设置其宽度和高度分别为 92mm 和 56mm。（在日常生活中常规名片的成品尺寸：横式为 90mm×54mm，竖式为 54mm× 90mm，出血大小一般是各边为 1mm）。

02 在页面底部绘制一矩形，用"交互填充"工具填上橘红色（C：0，M：60，Y：60，K：0）到黄色（C：0，M：0，Y：100，K：0）的渐变色。在其属性栏中把"渐变步长"锁打开后，将其 256 的步长改为 5 步长，如图 9-3 所示。

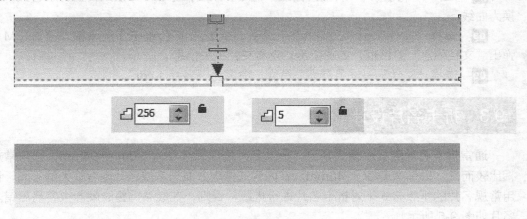

图 9-3 渐变步长

03 选择"封套"工具，将渐变的矩形形状变成如图 9-4 所示的图形。选择属性栏中的水平镜像及垂直镜像，得到页面右上角的图形。

图 9-4 封套

04 选择"文本"工具，设置好文本的字体、字号及颜色并输入文字。选择菜单"文件"→"导入" logo.jpg 标志，放置在"张三总经理"文本的后面。

通常情况下，客户定稿之后，应该对最终文件进行常规检查，以下这些步骤是必不可少的：① 文字是否全部转换为曲线。② 颜色是否符合印刷色即 CMYK。③ 如果有导入的位图，是否使用了 "外部链接位图" 命令，位图的分辨率是否达到了印刷要求。④ 文件出血大小是否符合印后裁切要求。⑤ 如果有拼版，则文件拼版的尺寸是否符合印刷材质的要求，是否添加了裁切线、套准标记、色票以及填色是否正确等。

05 将文字转换为曲线。按【Ctrl+A】组合键全选所有对象，按【Ctrl+U】组合键，或者单击属性栏上的 "取消全部群组对象" 按钮。

06 选择 "编辑" → "全选" → "文本" 命令，或者按【Ctrl+Shift+A】组合键，选中文档中的所有文本对象。

07 选择 "排列" → "转换为曲线" 命令，或者按【Ctrl+Q】组合键将所有文本对象转换为曲线。

08 选择 "文件" → "文档信息" 命令，或者先按【Alt+F】组合键，再按【M】键，弹出 "文档信息" 对话框，如图所示，查看文档相关信息。

09 选择 "文件" → "另存为" 命令，命名为 "名片 1.cdr"。

9.3　折卡名片设计

通常折卡名片版式以横式多见，折卡名片的成品尺寸为 90mm×94mm，它与常规名片相比较而言，只是高度多了 40mm。在内容的排版方面与常规名片也有很大的不同，请不要用常规名片的排版方式来对折卡名片进行排版，否则，在成品折叠时就会很容易出错。折卡名片如图 9-5 所示。

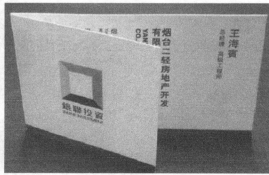

图 9-5　折卡名片

图9-5 折卡名片（续）

本项目是制作一折卡名片，大小宽为 92mm，高为 96mm，横式。

名片内容如下。

姓名：王红（副总经理）。公司名：东莞市多彩印刷有限公司（Dongguan Colorful Printing Co.,Ltd.）。地址：东莞市松山湖大学路。手机：13366677744。E-mail:dzcolor @163.com。网站：www.dzcolor.com。效果如图9-6所示。

图9-6 折卡名片实例

9.3.1 项目分析

（1）日常生活中折卡名片的成品尺寸：宽度为 90mm，高度为 54mm+40mm = 94mm。因为名片大都是通过印刷方式批量生产的，所以设计制作时必须预留出血，通常情况下根据印刷厂印名裁切要求，出血大小一般是各边 1mm，所以这里将文件的宽度设置为 92mm，高度设置为 96mm。

（2）本项目主要涉及"旋转复制"、"封套"、"镜像复制"和"文本"等工具的使用。

9.3.2　项目实施

01　新建一个空白文件，在页面属性栏中选择横向方式，保存为"多彩折卡.cdr"。选择工具箱中的"矩形"工具绘制一个矩形，在其属性栏 ⊨ 92.0 mm ⊥ 96.0 mm 中设置对象的宽度和高度分别为 92mm 和 96mm。再用"矩形"工具分别制作如图所示的两个矩形，分别为 92mm×55mm 和 92mm×41mm，如图 9-7 所示。

图 9-7　折卡名片尺寸

02　标志制作。绘制一椭圆，去边框，填充红色，按【Ctrl+D】组合键复制一个，并按图 9-8 的位置放好，进行焊接；绘制一圆与其进行裁剪如图 9-9 所示得到图 9-10 所示的图形，将此图进行旋转复制变换 4 个，得到图 9-11 所示的图形。最后再绘制一个红色椭圆并转换为曲线后变换成心形，如图 9-12 所示，放置在标志的中间，如图 9-13 所示。

图 9-8　焊接　　　　　　　　图 9-9　裁剪　　　　　　　　图 9-10　裁剪结果

图 9-11 旋转复制　　　　　　　　　图 9-12 心形　　　　　　　　　图 9-13 标志效果图

03 将标志放在下图 9-14 所示的位置。将标志复制一个并放大，填充灰色，选择菜单"效果"→"图框精确剪裁"命令将其置入于矩形中，如图 9-15 所示。

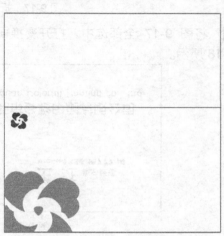

图 9-14 标志的位置　　　　　　　　　　　图 9-15 图框精确裁剪

04 输入文字内容。在工具箱中选择"文本"工具，分别输入图 9-16 所示的文本信息，粗的英文字体为"Arial Black"，细的英文字体为"Arial"，然后设置字号，分别是 12pt，8pt，10pt 和 6pt。最后在名片的右下角绘制一灰色小矩形放置在图 9-16 所示的位置。

图 9-16 折卡其中一面的效果

05 按照前面的步骤，在上面大小为 **92mm×41mm** 的矩形中放入彩色标志，同时置入灰色大标志，输入文本信息，得到图 **9-17** 所示的效果。

图 9-17 折卡另一面的效果

06 将图 **9-17** 全部选中，打开变换面板，设置水平与垂直同时以中心点镜像，效果如图 **9-18** 所示。

图 9-18 折卡镜像效果

07 最后的效果图如图 **9-19** 所示。

图 9-19 折卡效果

9.4　项目总结

1．确定定稿文件

通常情况下，客户定稿之后，应该对最终文件进行常规检查，以下这些步骤是必不可少的：①文字是否全部都转换为曲线；②颜色是否符合印刷色即 CMYK；③如果有导入的位图，是否使用了"外部链接位图"命令，位图的分辨率是否达到了印刷要求；④文件出血大小是否符合印后裁切要求；⑤如果有拼版，则文件拼版的尺寸是否符合印刷材质的要求，是否添加了裁切线、套准标记、色票以及填色是否正确等。

2．确定输出材质

在设计制作名片之前，必须要确定它的最终输出方式，因为不同的输出方式将决定使用不同的输出材质，同时必将影响名片的最终价格和效果。

目前而言，如果数量较少，在印刷质量要求不高的情况下，可以直接选择名片纸张，通过打印机输出，立即可取。其优点是速度快，操作简便，价格低廉；缺点是打印质量得不到保证，对相对复杂的颜色不能完全还原真实色彩。

全彩名片是目前最普遍的形式，其色彩和图案鲜艳逼真，深受企事业单位的欢迎。通常情况下，它采用的是多张名片拼版、分色印刷原理，采用的纸张是 250～300g 的双面铜版纸印刷，四色印刷套印、印后覆光膜或亚膜，统一裁切，如果有特殊要求，部分内容还可烫金、烫银或进行凹凸处理等。

3．设计制作要领

由于名片的特殊性，在设计制作时应尽量避免"花"、"乱"、"繁"。简洁、清爽和大方，富有个性，且具有强烈的视觉效果是名片制作的基本原则。

名片文字通常较小，标志线条较细，为了印刷后能清晰再现，应该尽量在矢量图形处理软件中对其进行排版处理。

通过本项目的学习，读者应掌握各类名片的制作基本要领和印后处理流程的相关知识。

本项目练习一正反面都有内容的名片制作，共提供 3 种效果图供大家参考，分别如图 9-20、图 9-21、图 9-22、图 9-23 所示，文字内容如下。

公司名称：武汉改图网技术有限公司
地址：纽约市观塘区花花大厦 1088 室
电话：027－87123456　传真：027－87567890
E—mail：mingpian@gaitu.com　　http:www.gaitu.com
公司业务：人工改图、创意石版画、标志设计、名片设计和插画设计等

01 首先把名片的尺寸定好。

02 绘制公司标志。

03 绘制名片中的图案。

04 输入名片正面的文本,包括标志、图案、人名、职务、公司名称、地址、电话、传真及 E-mail 等,并摆放好位置。

05 最后绘制名片的反面内容。反面内容一般包括标志、图案、公司名称及公司业务。

图 9-20　练习效果一

图 9-21　练习效果二

图 9-22 练习效果三

图 9-23 练习效果四

项 10 目
平面广告设计

10.1 平面广告设计简介

广告是为了某种特定的需要，通过一定形式的媒体，并消耗一定的费用，公开而广泛地向公众传递信息的宣传手段。广告宣传的主力军是平面广告，它以价格便宜、发布性灵活，而且它的信息传递速度迅速等优势成为众多行业主要的宣传对象。从专业的角度来看，平面广告的定义是根据广告主的要求，在二维空间里把商品、劳务等信息以图片、文字等形式，按照形式美法则进行创意组合并赋予一定的想象和色彩，制作成形象化、秩序化的广告视觉载体。

平面广告设计是以加强销售为目的所做的设计。也就是奠基在广告学与设计上面，来替产品、品牌和活动等做广告。最早的广告设计是早期报纸的小布告栏，也就是以平面设计的形式出来的。用一些特殊的操作来处理一些已经数字化的图像的过程；它是集计算机技术、数字技术和艺术创意于一体的综合内容，是一种工作或职业，是一种具有美感、使用与纪念功能的造形活动。

1．平面广告设计的作用和目的

（1）商品信息传递：平面广告通过文字、色彩和图形等形式将信息准确地传达出来，并根据不同的受众群体，将广告信息进行准确划分，以达到信息传达的目的。

（2）树立品牌形象：企业的整体形象和品牌价值决定了企业和产品在消费者心目中的地位，通过平面广告建立企业的品牌形象也是其重要的宣传目的之一。

（3）提高大众审美情趣：平面广告画面的美感能够有效地增添整个广告的感染力，使消费者沉浸在商品或服务形象给予的愉悦中，在无意识中接受广告的劝说。

2．平面广告的类型和特点

（1）报纸广告：报纸广告是平面广告中数量最大、传播范围最广的媒体，报纸的信息量庞大、内容繁多，报纸广告应简洁明了，突出广告实效性。

（2）杂志广告：杂志是定期出版、经过装订并加封面的刊物，它的发布面广，有效时间长，杂志广告用纸较好，色彩鲜艳，创意新颖和编排清晰易读。

（3）户外广告：户外广告是指在户外的某个特定场所，对人的视觉产生持续刺激作用的广告。可分为路牌广告和招贴广告。

（4）POP 广告：POP 广告是在一般广告形式的基础上发展起来的一种新型商业广告形式，它是一种在有利的时间和有效地空间位置上宣传产品，吸引消费者了解商品内容，从而引导消费者产生参与动机及购买欲望的商业广告。

（5）包装广告：包装不仅要使商品受到安全保护，而且必须具备促销的功能，具有很强的广告性，是商品的直接广告，也是产品的自我介绍。

3．平面广告设计流程

（1）调查：平面广告设计需要进行有目的和完整的调查工作，调查广告主的要求、广告主的背景、产品的定位、行业（同类企业、品牌和产品等）、市场（时令、销量、受众）和同类广告常用的表现手法等。这些调查工作是需要广告主和设计者共同完成的工作，广告主可能会为设计者提供一些相关资料和信息。

（2）确定内容：通过调查和搜集，确定广告的主题内容和具体内容，包括必需的文字、图片等相关资料。

（3）构思：思路是平面广告设计者不懈追求的东西，寻找设计思路也是平面广告设计中最为关键的一个步骤。

（4）表现手法：表现手法是打动广告受众的技巧，如何才能从众多的视觉作品中脱颖而出，留住观者的目光呢？一种方法是使用完整完美、中规中矩的表现手法，一般会被受众欣赏和认可；另一种方法是融入中国的传统文化，以一种深沉、博学和厚重的姿态出现，也一定让受众赏心悦目和赞叹；还有一种方法是使用新奇或者怪异的方式，富有个性，这样的作品可能会有争议，但却给人以深刻的印象和悠远的回味。

（5）创作：根据输出要求，使用相关软件，调动视觉元素，确定背景、主题、图片、文字和留白等内容，完成一幅或者一个系列的平面广告设计作品。

（6）出彩：出彩的部分是广告设计作品的视觉兴奋点，也是广告设计作品的卖点，是广告设计者们长期生存的保障。

（7）收工：收尾工作也很重要，需要检查一下作品中的图形、文字、轮廓、色彩、比例等内容和确定输出稿。

设计是有目的的策划，平面设计是利用视觉元素（文字、图片等）来传播广告项目的设想和计划，并通过视觉元素向目标客户表达广告主的诉求点。平面设计的好坏除了灵感之外，更重要的是是否准确地将诉求点表达出来，是否符合商业的需要。

10.2　音乐大赛广告设计

本例制作一则音乐大赛的 POP 广告，效果如图 10-1 所示。这是某校文艺部制作的关于音乐大赛报名的广告，由于以学生为对象，因此广告的形式新颖活泼、图文并茂，画面幽默风趣，易于吸引学生注意力。

图 10-1　音乐大赛广告效果

10.2.1　项目分析

（1）POP 广告是促销活动的一种，它是英文 Point Of Purchase 的缩写，意为"购买点广告"。针对本项目的特点，标题选择了轮廓较粗的字体，使 POP 的主题思想一目了然，以鲜明的颜色对比、灵活的排列方式使内容更加轻松、自然。

（2）在 POP 中导入卡通人物能使画面更加活泼生动，在构图上也起了很好的协调作用，使画面显示比较饱满丰富。

（3）本项目主要涉及"文本"工具、"形状"工具、"螺纹"工具、"导入"命令和"旋转图形"工具的使用。

10.2.2 项目实施

01 新建一个图形文件，选择"矩形"工具 ，在页面上新建一个与页面大小相等的矩形。单击工具栏中的"文本"工具 字，并在其属性栏上单击 按钮，在矩形左边输入标题文字"音乐大赛"，将字体设置为"汉仪超粗黑简"，然后使用鼠标向外拖动调整其大小，效果如图 10-2 所示。

02 选中标题，单击"形状"工具 ，将"乐"字下方的节点向左拖动，并将"大"字下方的节点向右拖动，效果如图 10-3 所示。

03 选中标题，选择"排列"→"转换为曲线"命令，将其转换为曲线，再选择"排列"→"打散曲线"命令，将标题中封闭曲线的部分拆分出来，效果如图 10-4 所示。

音乐大赛	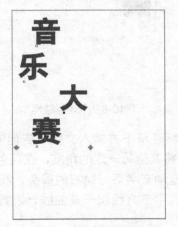	
图 10-2 矩形和标题	图 10-3 调整文字的间距	图 10-4 拆分标题中封闭曲线部分

04 选中"音"字的上半部分，单击鼠标右键，选择"顺序"→"向后一层"命令，然后选中拆分出来的色块，在调色板上单击红色 ，将其填充为红色。同样，依次选中"音"字下半部分中的两个色块，并分别在调色板单击青色 、黄色 ，效果如图 10-5 所示。

05 按照步骤 **04** 相同的方法，分别为"乐"和"赛"字填充合适的颜色，效果如图 10-6 所示。

图 10-5 填充"音"字色块   图 10-6 填充"乐"、"赛"字色块

06 单击工具栏中的"贝塞尔"工具 ✎，按住【Ctrl】键，在标题上绘制一条直线，并将其轮廓宽度设置为 4，并用鼠标右键单击调色板上的黄色。选中该直线，按住【Ctrl】键，将其向右移动一段距离，并按【Ctrl+D】组合键 4 次，复制出其他的直线，效果如图 10-7 所示。

07 单击工具栏中的"基本形状"工具 ♨，在展开的工具条中单击"标注形状"工具 ⬛，在属性栏上的完美形状中单击 ◌ 按钮，在背景的右上方拖动创建一个标注框，将其轮廓宽度设置为 1.0，再使用鼠标右键单击调色板上的青色 ▮，效果如图 10-8 所示。

08 使用"文本"工具在标注框中输入文字"诚邀你加入"，将字体设置为"文鼎中特广告体"，使用"形状"工具调整其文字位置，再将其填充为橘红色，效果如图 10-9 所示。

图 10-7 图中直线

图 10-8 创建标注框

图 10-9 输入文字

09 使用"文本"工具在标注框下方输入文字"吉他演奏"，将其字体设置为"华康POP"，使用鼠标调整其大小，将其旋转一定的角度，在调色板上单击青色 ▮，为其填充。使用"形状"工具将其选中并拖动文字下方向右的箭头，将其字距拉大，效果如图 10-10 所示。使用"贝塞尔"工具在文字下方绘制一条曲线，设置适当的颜色，效果如图 10-11 所示。

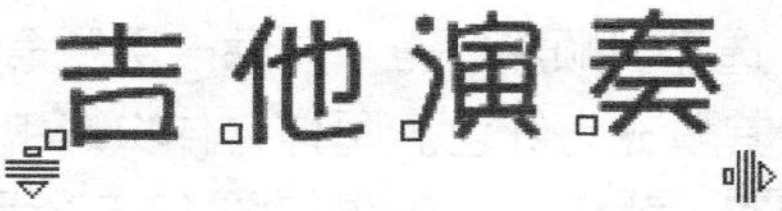

图 10-10 文字效果

图 10-11 底纹效果

10 使用与步骤 **09** 相同的方法，继续输入"钢琴演奏"、"歌曲演唱（独、合唱）"等文字，并绘制底纹波浪，效果如图 10-12 所示。

11 单击工具栏中的"螺纹"工具 ◉，在属性栏上将螺纹回圈设置为 2，将轮廓宽度设置为 1.4，然后在"吉"字左边绘制一条螺旋曲线，使用鼠标右键单击调色板上的橘红色。使用"贝塞尔"工具绘制出文字上的其他装饰图形，效果如图 10-13 所示。

12 单击工具栏中的"文本"工具 字，在其属性栏上单击 ∭ 按钮，在背景左下方输入报名地点和报名时间，将其字体设置为"文鼎水管体"并填充青色，效果如图 10-14 所示。

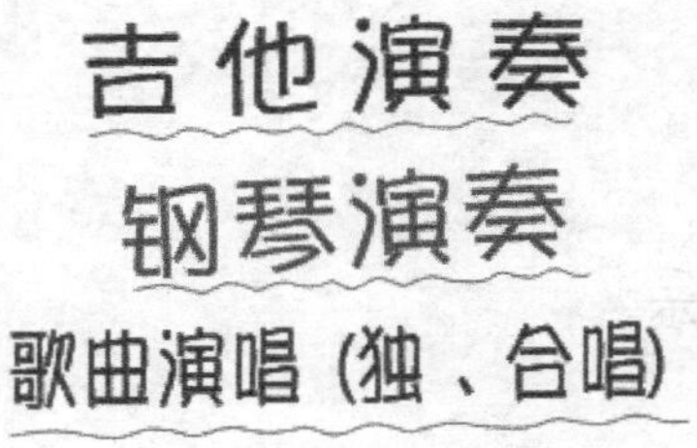

图 10-12　正文文字效果 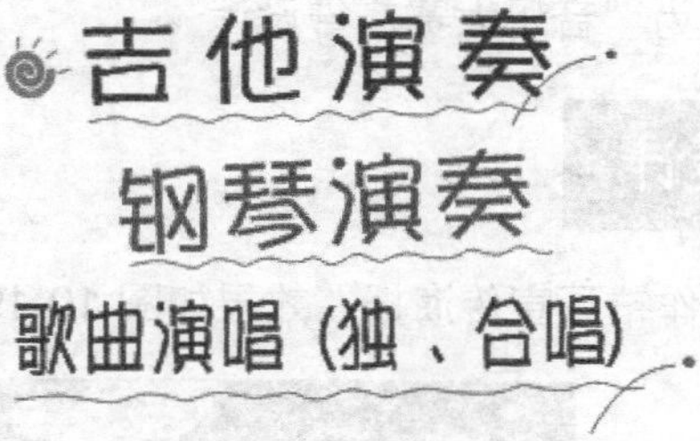　　　　　　图 10-13　文字装饰图形 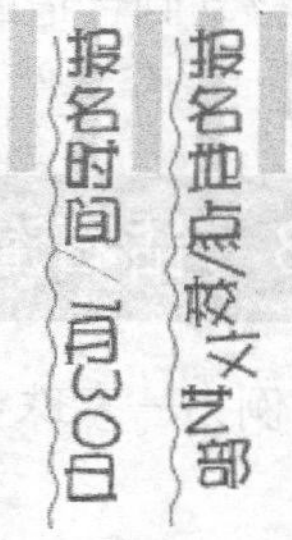　　　图 10-14　输入报名时间和地点

13　执行"文件"→"打开"命令，打开素材文件，将"喇叭"和"小人"图形复制到当前编辑窗口中，并再复制 3 个"喇叭"图形，适当调整其大小和位置，效果如图 10-15 所示。

14　再次执行"文件"→"打开"命令，打开素材文件，将"music"文字复制到当前编辑窗口中小人的脸部，使用鼠标旋转到合适的角度，然后镜像复制该文字，复制后的文字放置到另一个小人的脸部，效果如图 10-16 所示。

图 10-15　喇叭和小人

图 10-16　music 文字效果

15　使用"贝塞尔"工具结合"形状"工具，在标题"音"字上方绘制一个音符轮廓，将其填充为橘红色，选中音符复制一个，移至"赛"字上方，将其填充为红色，旋转一定的角度，效果如图 10-17 所示。

16　再次使用"贝塞尔"工具结合"形状"工具，在标题"大"字上方绘制图 10-18 所示音符轮廓。

图 10-17　绘制音符

图 10-18　绘制另一音符

17 执行"文件"→"打开"命令，打开素材文件，将音符图形复制到当前编辑窗口中，并移动到合适的位置。

18 保存文件，命名为"音乐大赛广告设计"。

10.3 钻石海报设计

本例为一家珠宝店制作钻石宣传海报，效果如图 **10-19** 所示。

图 10-19 钻石海报效果

10.3.1 项目分析

（1）海报是具有强烈视觉效果，用于宣传的艺术设计。海报设计必须有相当的号召力与艺术感染力，要形成强烈的视觉冲击力；它的画面应有较强的视觉中心，力求新颖、单纯，还必须具有独特的艺术风格和设计特点。

（2）钻石广告的设计首先要考虑到画面的美感，其次需要突出商品特征。本项目以多色圆环和曲线花纹作为主要元素，突出简单、纯净的画面感觉，所选钻石图像添加了外发光效果，体现了钻石光芒四射的感觉。

（3）本项目主要涉及"贝塞尔"工具、"椭圆"工具、"形状"工具、"文字"工具和"渐变填充"工具的使用。

10.3.2 项目实施

01 新建一个图形文件，选择工具箱中的"矩形"工具□，在页面上新建一个与页面大小相等的矩形。单击调色板上的黑色■，制作黑色背景。

02 绘制圆形。选择"椭圆"工具○，按住【Ctrl】键的同时，在黑色背景下方绘制一个正圆形，单击调色板上方的红色，再用鼠标右键单击调色板上的"无填充"按钮⊠，得到红色无轮廓圆形，效果如图 10-20 所示。

03　按小键盘上的【＋】键原地复制一次对象，再单击调色板上的白色，改变圆形的颜色。将鼠标放在圆形右上角的端点上，按住【Shift】键向内拖动，中心缩小图形，效果如图 10-21 所示。

04　再复制一次白色圆形，按住【Shift】键向内拖动，中心缩小后单击调色板上的洋红色。按与之前相同的步骤再复制出两个小圆，并分别填充黄色＿＿和深黄色，效果如图 10-22 所示。

图 10-20　红色圆形

图 10-21　白色圆形

图 10-22　多色同心圆形

05　按照与步骤**02**、**03**和**04**相同的方法，绘制出其他的圆形，并按图 10-23 所示的颜色和方式进行排列。

06　绘制弯曲图形。选择"贝塞尔"工具，绘制一个多边形，用"形状"工具选择该图形。选择多边形的每个节点，单击属性栏中的"转换直线为曲线"按钮，对曲线进行编辑，再单击调色板上的橘红色，为其填充，效果如图 10-24 所示。

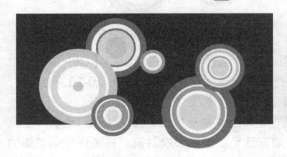

图 10-23　多色圆形排列效果

图 10-24　弯曲图形

小贴示

　　在绘制图形时，如果有相同形状的图形，而中心点也在同一位置，可以原地复制该图形，再进行中心缩小，就可以得到渐小或渐大的效果。

07　选择"椭圆"工具，在该弯曲图形下方绘制一圈正圆形，填充橘红色，效果如

图 10-25 所示。按照与步骤 **06** 相同的方法绘制出其他几个弯曲图形，按图 10-26 所示放置。

图 10-25　弯曲线下圆点效果　　　　　　　　　　图 10-26　多个弯曲图形效果

08　绘制曲线图形。选择"贝塞尔"工具 绘制一个多边形，然后用"形状"工具 选择该图形。选择多边形的每个节点，单击属性栏中的"转换直线为曲线"按钮 ，然后对曲线进行编辑，再用鼠标右键单击调色板上的洋红色 ，为其轮廓上色，效果如图 10-27 所示。

09　按照与步骤 **08** 相同的方法绘制出其他几个曲线图形，分别填充黄色 和橘红色 轮廓，并按照图 10-28 所示位置进行排列。

图 10-27　曲线图形　　　　　　　　　　　　　　图 10-28　多个曲线图形效果

10　绘制花瓣图形。选择"椭圆"工具绘制一个圆形，填充白色。按【Ctrl+Q】组合键，转换为曲线，使用"形状"工具对图形进行编辑，得到花瓣形状，如图 10-29 所示。

11　在花瓣图形中再绘制一个正圆形，填充浅蓝色，如图 10-30 所示。

12　绘制水滴图形。选择"贝塞尔"工具在花瓣上绘制一个三角形，使用"形状"工具对图形进行编辑，形成一个尖角的水滴图形，填充蓝色。复制多次对象，将图形放到花瓣的每个凹凸点中，如图 10-31 所示。缩小花瓣图形，复制多个，放到合适的位置。

图 10-29　花瓣图形　　　　　图 10-30　绘制花心圆形　　　　　图 10-31　水滴图形

13 选择所有绘制好的圆环，曲线和花瓣图案，按【Ctrl+G】组合键，群组对象。复制一次群组后的对象，单击属性栏中的"垂直镜像"按钮，适当缩小后放到黑色背景的右上方，如图 10-32 所示。

14 分别执行两次"效果"→"图框精确剪裁"→"放置在容器中"命令，将上下两组群组对象放置到黑色背景中，效果如图 10-33 所示。

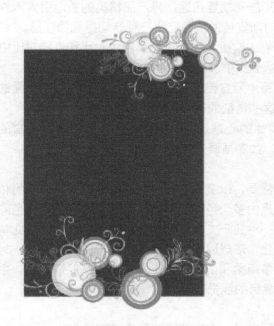

图 10-32 花瓣图形   图 10-33 放置图形到黑色背景中

15 选择"文件"→"导入"命令，找到素材"钻石.jpg"，找开素材图像，适当调整图像大小，然后将图像放到黑色背景中部，效果如图 10-34 所示。

16 选择"文本"工具**字**，在钻石图像下方输入两行文字，如图 10-35 所示。中文字体设置为"方正粗宋简体"，英文设置为斜体，填充白色。

17 选择"文件"→"导入"命令，找到素材"标志.psd"，找开素材图像，适当调整图像大小，然后将图像放到黑色背景左上方，效果如图 10-36 所示。

图 10-34 钻石图形   图 10-35 文字效果   图 10-36 标志图形

18 最后整体调整图片、文字等位置，保存文件。

10.4 项目总结

1．广告设计创意手法

（1）直接展示法：将某产品或主题如实地展示在广告版面上，充分运用摄影或绘画等技巧的写实表现能力，着力渲染产品的质感、形态和功能用途，将产品精美的质地引人入胜地呈现出来，给人以逼真的现实感，使消费者对所宣传的产品产生一种亲切感和信任感。

（2）对比衬托法：将作品中所描绘的事物的性质和特点放在鲜明的对照和直接对比中来表现，互比互衬，从对比所呈现的差别中，达到集中、简洁和曲折变化的表现。

（3）合理夸张法：借助想象，对广告作品中所宣传的对象的品质或特性的某个方面进行相当明显的过分夸大，以加深或扩大受众对这些特征的认识，加强作品的艺术效果。

（4）运用联想法：这是一种合乎审美规律的心理现象，在审美的过程中通过丰富的联想，突破时空的界限，扩大艺术形象的容量，加深画面的意境。

2．广告色彩配色

广告色彩的整体效果取决于广告主题的需要，以及消费者对色彩的喜好，并以此为依据来决定色彩的选择与搭配。广告的色调一般是由多个色彩组成，为了获得统一的整体色彩效果，要根据广告主题和视觉传达要求，选择一种处于支配地位的色彩作为主色，并以此构成画面的整体色彩倾向。其他色彩围绕主色变化，形成以主色为代表的统一的色彩风格。为了突出主体，广告画面背景色通常比较统一，多用柔和的色彩突出主体色，一般情况下，主体色都比背景色更为强烈、明亮和鲜艳，形成醒目的视觉效果。

3．设计制作要领

（1）广告中的标题字号要大于其他内容的字号，字体要选醒目且较粗的字体。

（2）视觉上行距要大于字距，整齐清晰，有助于阅读。

（3）正文编排不论横竖，要做到有机结合、要协调，注意不同内容的摆放位置，不要过密和过于稀疏。

（4）注意文字和图片之间的比例及整个版面与其他要素有机结合，能够自然地通过标题和画面读到正文。

（5）注意颜色搭配，一个版面中颜色不宜过多，颜色与背景反差要大。所选图片一般需要去掉多余的背景，不宜采用方形图片，并且图片要与广告内容相符，起到渲染、烘托主题的效果。

平面广告设计的过程是一个有理念、有计划、有步骤的渐进式不断完善的过程。设计的成功与设计者的态度息息相关，有了正确而积极的态度，才能有正确的理念，有完备的计划，有可行的步骤，才能有美得作品产生。

通过本章节的学习，读者应掌握平面广告设计的制作基本要领和相关知识。

制作一则房地产报纸广告，如图 **10-37** 所示。

图 10-37 房地产报纸广告

01 新建文件，执行"文件"→"打开"命令，复制背景素材到当前编辑窗口，使用"椭圆"工具⃝和"透明度"工具♀，将画面中心调亮。

02 使用"椭圆"工具和"交互式调和"工具⃞，制作白色圆环。

03 运用"贝塞尔"工具⃔，结合"透明度"工具和"调和"工具，绘制光斑效果。

04 使用"文本"工具**字**，输入所需文字。

项 11 目

CD 装帧设计

11.1　CD 装帧设计简介

　　平面设计有多种类型，光盘也是其中一员，光盘与传统媒介相比，其存储容量大、携带方便和价格便宜，可以储存文字、图片、声音和视频影像等多媒体，成为当前最佳的宣传和行销工具之一。但是相对于其他设计类型来说，有关光盘封面设计还是比较特殊的，因为它有一定的约束性，其设计延展性受到光盘形状与面积的影响，设计元素的采用与主题也因光盘所承载的内容而定。

　　1．光盘设计概念

　　光盘设计就是运用设计知识及美学知识，在有限的光盘盘面空间以及一系列的产品上设计出与其内容相符并具有艺术特色画面的一种设计种类。在设计光盘盘面的过程中，设计人员需要考虑光盘自身的结构，还需要考虑其印刷工艺。不同的印刷工艺需要不同设计手法的应用。

　　常见的 CD 光盘非常薄，它只有 1.2mm 厚。CD 光盘主要分为 5 层，其中包括基板、记录层、反射层、保护层和印刷层。其中印刷层就是设计人员进行盘面设计的载体，需要设计的也就是光盘上的这部分。印刷层是印刷盘片的客户标志、容量等相关资讯的地方，这就是光盘的背面。其实，它不仅可以表明信息，还可以起到保护光盘的作用。

　　2．光盘装帧设计的特点

　　（1）光盘的规格固定，盘面尺寸较小。因此，设计者应该首先熟悉光盘的规格，否则光盘盘片的镂空圆洞会影响到图与文的排列。（注意：普通光盘的尺寸，外径为 120mm，内径为 15mm，盘面印刷的部分要向内缩进 1mm 左右。）

　　（2）盘装帧设计在信息的传达上必须是直接的，最好是唯一的、直观的。

　　（3）设计师需要在熟悉光盘的特殊性的基础上，把握好平面造型设计的基本技巧——图案与色彩的应用。

　　（4）设计时不但要考虑到整个光盘的总体美观，视觉效果，还要深入了解多媒体光盘内容、定位。

　　3．光盘装帧设计的创意

　　（1）设计主题要突出，画面要精美大气和醒目。

　　（2）要根据不同的地点、不同阶段、不同年龄和不同层次来设计盘面。

　　（3）设计的盘面要与消费者产生沟通和互动。

（4）光盘设计要将特殊的质感表现出来。

在繁多的设计门类中，有人觉得 CD 设计应算是包装设计，也有人认为 CD 设计应该是装帧设计中的一分子，可是从严格意义来讲，CD 设计是介于包装设计与装帧设计之间，独立的一种设计门类。在购买 CD 唱片时，一个造型好、包装结构合理、制作工艺精、图形色彩美和字体编排独特的 CD 唱片常让人爱不释手。 虽然设计的优劣并不完全代表 CD 的音质与制作水准的高低，但设计出众制作精细的 CD 唱碟能提高卖点，增强消费者对其的信任度，这也是众所共认的。同时 CD 设计在很大程度上也体现了时尚潮流的发展。

11.2 音乐光盘装帧设计

制作一个星座音乐光盘盘面及封套，效果如图 11-1 所示。封面是以绿色为主，洋溢着青春的气息。画面中手绘的天秤和人物图形形象生动，幽默诙谐。画面中有一些符号起到装饰的作用，整体设计风格选择浪漫、细腻和清新的效果。

图 11-1 音乐光盘效果

11.2.1 项目分析

（1）光盘尺寸：大光盘又称为 "120 盘" 或 "5 寸盘"，尺寸是指外圈的直径尺寸为 120mm，内圈的直径尺寸为 15mm，大光盘也就是最常用的标准光盘，行内称为 120 盘。大光盘印刷尺寸外径为 118mm 或 116mm；内径为 38mm，也有印刷为 20mm 或 36mm 的。光盘主封面的尺寸：宽为 126mm 在左边有 3mm 的出血，高为 12.1mm，上下各有 3mm 的出血。

（2）通常情况下，彩色印刷品采用的模式都是 CMYK（其代表印刷上的 4 种油墨名称，C 表示青色，M 表示洋红，Y 表示黄色，K 表示黑色），分辨率应该达到或高于 300ppi（即像素/英寸）。

（3）本项目主要涉及 "贝塞尔" 工具结合 "形状" 工具的运用、"填充" 工具、"文本" 工具、"交互式阴影" 工具以及图框精确剪裁命令的使用。

11.2.2 项目实施

操作步骤

光盘封套图形的制作步骤如下。

01 新建文件 "音乐光盘.cdr"。按【Ctrl+N】组合键新建一个 A4 页面。单击属性栏中的"横向"按钮 ，页面显示为横向页面。

02　选择"贝塞尔"工具 🖊，在绘图页面绘制图 11-2 所示的秤杆。

03　再次选择"贝塞尔"工具 🖊，在绘图页面绘制图 11-3 所示的秤砣。按键盘上的【+】键，复制一个秤砣图形，将复制秤砣缩小，放置在图形合适的位置，形成秤的效果，如图 11-4 所示。

图 11-2　绘制秤杆　　　图 11-3　绘制秤砣　　　图 11-4　复制秤砣

04　选择"手绘"工具，绘制秤杆下部的不规则圆形，进行多次复制，然后选择所有图形，按【Ctrl+G】组合键，将绘制好的秤图形组合在一起，如图 11-5 所示。

05　选择"椭圆"工具 ◯，绘制一个椭圆，执行"排列"→"转换为曲线"命令，将图形转化为曲线。使用"形状"工具 🖊 编辑椭圆节点，绘制出人物身体形状，如图 11-6 所示。选择"贝塞尔"工具 🖊，在页面绘制出人物的手形，如图 11-7 所示。

图 11-5　组合图形　　　图 11-6　绘制人物身体　　　图 11-7　绘制人物手形

06　使用"贝塞尔"工具 🖊，绘制出人物的其他部位轮廓和头发轮廓，如图 11-8 所示。将头发轮廓复制若干个，与人物其他轮廓图形组合起来，效果如图 11-9 所示。

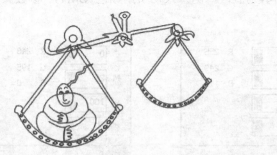
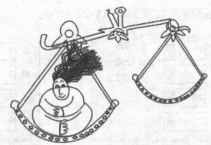

图 11-8　人物其他部位轮廓　　　图 11-9　复制头发轮廓并组合

07　选择"星形"工具 ☆，在属性栏的"星形边数"☆ 5 ⬍ 设置为 5，在绘图区中绘制星形，然后执行"排列"→"转换为曲线"命令，将图形转化为曲线，效果如图 11-10 所示。

08 选择"椭圆"工具 ◯，按住【Ctrl】键绘制一个正圆，再按键盘上的【+】键复制出一个正圆，将复制正圆放置在原始正圆的右上半部分。同时选中两个正圆，单击属性栏的"修剪"按钮 ◰，修剪出月牙形状，如图 11-11 所示。

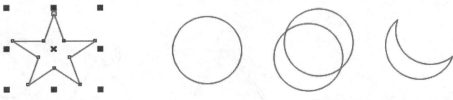

图 11-10 绘制星形　　　　　　　　图 11-11 绘制月牙形

09 将步骤 **08** 中绘制的星形和月牙形复制若干，并通过缩小、旋转等操作，放置在人物身体中，如图 11-12 所示。

10 执行"文本"→"插入符号字符"命令，打开"插入字符"泊坞窗，在符号显示列表框中用鼠标双击合适的符号，完成添加操作。选择"形状"工具 ▚，将这些字符样式进行变形，再通过旋转、缩放等操作，与制作好的图形组合在一起，效果如图 11-13 所示。

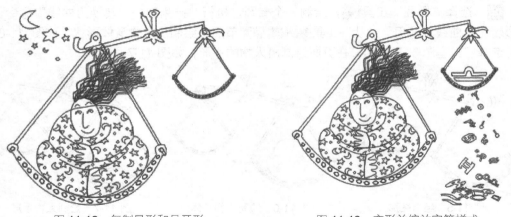

图 11-12 复制星形和月牙形　　　　　　图 11-13 变形并缩放字符样式

11 选择"均匀填充"工具 ▧，打开"均匀填充"对话框，在对话框中将画面中图形的颜色设置为图 11-14～图 11-22 所示的填充值，本例中人物所用颜色 CMYK 参数共有 9 组，图形填充效果如图 11-23 所示。

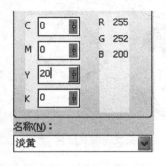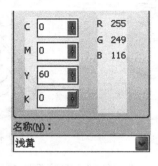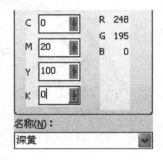

图 11-14 淡黄色填充值　　　图 11-15 浅黄色填充值　　　图 11-16 深黄色填充值

图 11-17　浅橘红填充值

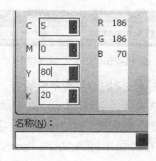

图 11-18　土黄色填充值

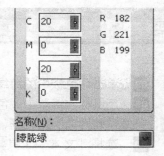

图 11-19　朦胧绿填充值

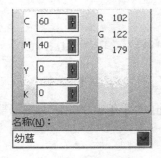

图 11-20　幼蓝填充值

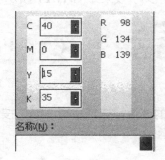

图 11-21　墨绿色填充值

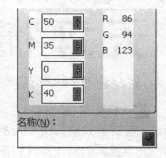

图 11-22　深蓝色填充值

12 选择"矩形"工具□，沿画面边框绘制一个矩形框架，单击"均匀填充"工具■，打开"均匀填充"对话框，在对话框中设置 CMYK 值分别为 60、0、20 和 20，为矩形填充此颜色，效果如图 11-24 所示。

图 11-23　人物填充效果

图 11-24　矩形框架填充效果

光盘封套文字的制作步骤如下。

01 选择"文本"工具字，在页面中输入文字"天秤物语"，在属性栏的"字体列表"选项下拉列表中选择字体为"经典繁圆艺"，设置字体大小为 36，"文字"工具属性栏如图 11-25 所示。

图 11-25 文字工具属性栏

02 单击调色板中的海绿色块■，为文字填充海绿色。

03 用鼠标右键单击调色板中的白色色块□，为文字添加白色轮廓，单击"轮廓"工具🖊️，打开"轮廓笔"对话框，设置轮廓宽度为 0.7mm，文字最终效果如图 11-26 所示。

04 选择"文本"工具**字**，在页面中输入文字"constellation music"，在属性栏中的"字体列表"选项下拉列表中选择字体为"kiss me"，设置字体大小为 16，单击调色板中的浅橘红色块■，为文字填充颜色，文字效果如图 11-27 所示。

天秤物語   Constellation Music

图 11-26 中文文字效果   图 11-27 英文文字效果

05 将文字移动到图形合适的位置，选择所有图形，按【Ctrl+G】组合键将所有图形群组，光盘封套效果如图 11-28 所示。

光盘盘面的制作步骤如下。

01 选择"椭圆"工具◯，按住【Ctrl】键绘制一个正圆，在属性栏中设置圆形的直径为 118mm。单击工具栏的"渐变填充"工具■，打开"渐变填充"对话框，设置类型为线性，颜色调和为自定义，颜色值从左至右分别为：K=30、K=5、K=20、K=50、K=30，如图 11-29 所示。圆形填充效果如图 11-30 所示。

图 11-28 音乐光盘封套效果

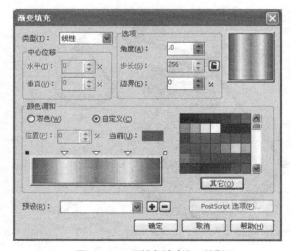

图 11-29 "渐变填充"对话框

02 选择"椭圆"工具◯，按住【Ctrl】键绘制一个正圆，设置圆形的直径为 116mm。单击工具栏中的"渐变填充"工具■，打开"渐变填充"对话框，设置类型为射线，颜色调和为双色，颜色值分别为 K=17 和 K=0，如图 11-31 所示。图形填充效果如图 11-32 所示。

图 11-30　圆形填充渐变色

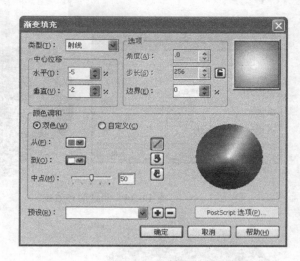

图 11-31　射线渐变

03　将光盘封套图形群组在一起，执行"效果"→"图框精确剪裁"→"放置在容器中"命令，在直径为 116mm 的圆形上单击，将图形置入到圆形中，效果如图 11-33 所示。

图 11-32　圆形填充射线渐变

图 11-33　射线渐变

04　将直径为 118mm 和 116mm 的两个圆形同时选中，执行"排列"→"对齐和分布"命令，打开"对齐和分布"对话框，如图 11-34 所示，将两个圆形水平垂直居中对齐。

05　选择"椭圆"工具○，按住【Ctrl】键绘制一个正圆，设置圆形的直径为 36mm，单击"轮廓"工具⌨，打开"轮廓笔"对话框，设置轮廓宽度为 2.5mm。

06　执行"排列"→"将轮廓转换为对象"命令，将轮廓转换为对象，选择"滴管"工具，在属性栏中设置属性为"填充"▢填充，然后在步骤**01**绘制的正圆图形上单击吸取该图形填充色，按住【Shift】键，在本步骤绘制的圆环上单击填充相同的渐变色。使用相同的方法绘制小一点的圆形，将两个圆环水平居中对齐，并组合在一起，效果如图 11-35 所示。

07　将圆环图形与步骤**01**、**02**中绘制的圆形水平居中对齐，选中所有图形，按【Ctrl+G】组合键将所有图形群组，效果如图 11-36 所示。

08　选择"椭圆"工具○，按住【Ctrl】键绘制一个正圆，设置圆形的直径为 15mm，填充白色，去除轮廓线，将该图形置于光盘盘面的中心，效果如图 11-37 所示。

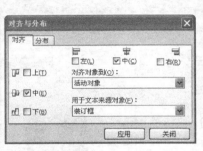

图 11-34　两圆对齐效果　　　　　　　　　　　　图 11-35　圆环对齐效果

图 11-36　两圆对齐效果　　　　　　　　　　　　图 11-37　圆环对齐效果

09　选择"文本"工具**字**，在页面中输入文字"天秤座"，在属性栏的"字体列表"选项下拉列表中选择字体为"经典繁圆艺"，设置字体大小为 **24**，单击调色板中的海绿色块 ■，为文字填充海绿色。然后用鼠标右键单击调色板中的白色色块□，为文字添加白色轮廓，将文字放置于光盘盘面上方，效果如图 **11-38** 所示。

光盘封套与盘面阴影效果的制作步骤如下。

01　选择"矩形"工具□，绘制一个矩形，单击工具栏的"渐变填充"工具■，打开"渐变填充"对话框，设置类型为"线性"，颜色调和为"自定义"，颜色值从左至右分别为：**20%**黑、白和 **20%**黑，为该矩形填充渐变色，效果如图 **11-39** 所示。

图 11-38　图形中心白色圆形效果　　　　　　　　图 11-39　矩形填充效果

02 选择"矩形"工具□，绘制一个和光盘封套大小相同的矩形，填充任意颜色。单击"交互式阴影"工具□，在图形上拖曳出阴影，并在属性栏设置图 **11-40** 所示的参数。

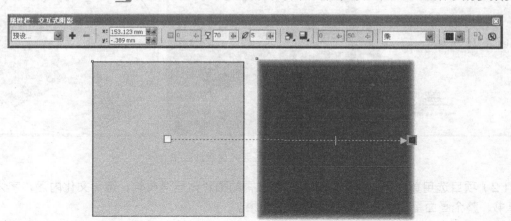

图 11-40 阴影效果

03 执行"排列"→"打散阴影群组"命令，将阴影图形分离出来，放置于盘面图形后面，效果如图 **11-41** 所示。

04 使用相同的方法，制作盘面的阴影效果，如图 **11-42** 所示。

图 11-41 封套阴影效果

图 11-42 盘面阴影效果

05 将封套和盘面图形放置在渐变矩形上，保存文件。

11.3 国学经典光盘装帧设计

制作一个国学光盘的封面、封底及盘面，效果如图 **11-43** 所示。光盘封面有"国学经典"字样，封底设有条目编号及出版公司，折线处标注光盘名称及出版公司。

11.3.1 项目分析

（1）光盘尺寸：封面尺寸为 120.5×120.5mm（不包括出血线）；126.5×126.5mm（包括出血线），封底尺寸为 151×118mm（不包括出血线）；157×124mm（包括出血线），折线宽为 7mm。

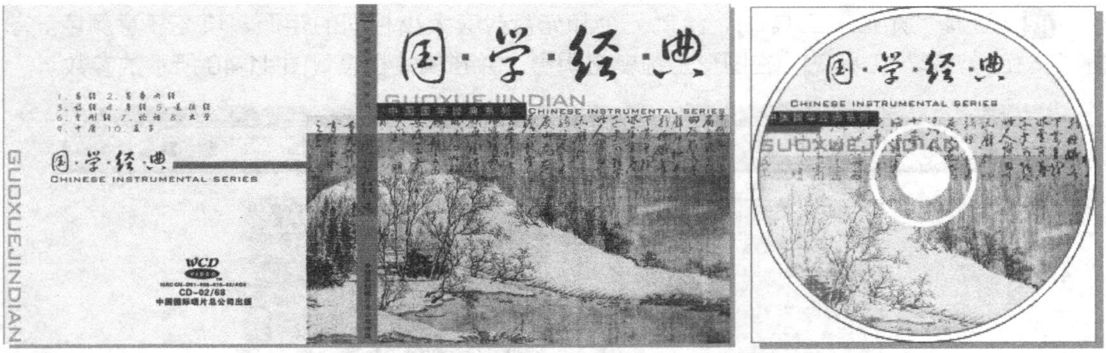

图 11-43　国学经典光盘设计效果

（2）项目选用黄色为主色调，配以古色古香的图片，显得典雅，饱含文化内涵，字体采用草书，整个画面呈现古朴、自然、简约的效果。

（3）本项目主要涉及“矩形”工具、“椭圆”工具、“填充”工具、“文本”工具、“交互式透明”工具以及图框精确剪裁命令的使用。

11.3.2　项目实施

操作步骤

制作光盘背景效果的步骤如下。

01　按【Ctrl+N】组合键新建一个 A4 页面。单击属性栏中的“横向”按钮，页面显示为横向页面。在属性栏选项中设置宽度为 247mm，高度为 120mm，如图 11-44 所示。

02　双击“矩形”工具，绘制一个与页面大小相等的矩形，单击调色板上的淡黄色块，填充图形，用鼠标右键单击调色板上的按钮，去除图形的轮廓线，如图 11-45 所示。

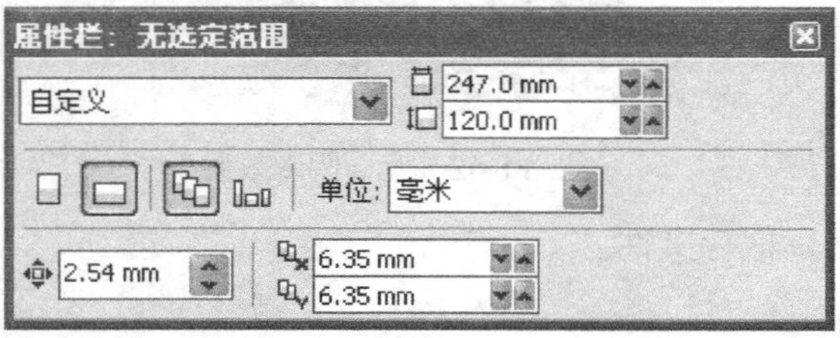

图 11-44　页面属性栏

图 11-45　矩形填充效果

03　执行“视图”→“设置”→“辅助线设置”命令，打开“选项”对话框，在“辅助线”→“垂直”选项面板中，设置数值为 120，单击“添加”按钮，在页面中添加一条垂直辅助线。再添加位置为 127mm 的垂直辅助线，单击“确定”按钮，辅助线将页面分为封面、封底和脊 3 个部分，如图 11-46 所示。

04　选择“矩形”工具，沿着辅助线绘制一个矩形，单击调色板上的红褐色块，填充图形，用鼠标右键单击调色板上的按钮，去除图形的轮廓线，如图 11-47 所示。执行“视图”→“辅助线”命令，将辅助线隐藏。

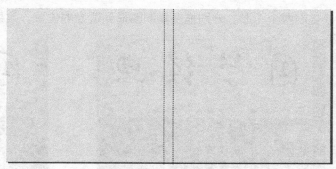

图 11-46　设置垂直辅助线

05　将素材图片"**01.tif**"导入页面中，执行"效果"→"图框精确剪裁"→"放置在容器中"命令，在矩形上单击，将图片置入到矩形中，效果如图 11-48 所示。

图 11-47　沿辅助线绘制矩形　　　　　　　　　图 11-48　图片置入矩形

06　将素材图片"**02.tif**"导入页面中，选择"交互式透明"工具，在属性栏的"透明度类型"选项下拉列表中选择"标准"，"开始透明度"值设置为 58，然后将图片置入到矩形中，效果如图 11-49 所示。

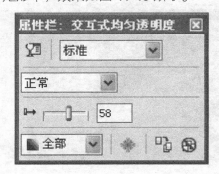

图 11-49　图片设置透明后置入矩形

制作光盘封面封底效果的步骤如下。

01　选择"文本"工具，在页面中输入文字"国学经典"，在属性栏中的"字体列表"选项下拉列表中选择字体为"方正黄草简体"，设置字体大小为 75，效果如图 11-50 所示。选择"形状"工具，向右拖曳文字下方的图标，调整文字的间距。

02　选择"矩形"工具，在文字间绘制一个矩形，单击调色板上的红色色块，填充图形，用鼠标右键单击调色板上的按钮，去除图形的轮廓线。按两次键盘上的【+】

键，复制两个图形。分别拖曳复制图形到适当的位置，效果如图 **11-51** 所示。

图 11-50　文字效果　　　　　　　　　　　　　图 11-51　字间方块效果

03　选择"文本"工具 ，在页面中输入文字"GUOXUEJINDIAN"，在属性栏中的"字体列表"选项下拉列表中选择字体为"BankGothic Md BT"，设置字体大小为 24，为文字填充红色效果，如图 **11-52** 所示。

04　选择"交互式透明"工具，在属性栏的"透明度类型"选项下拉列表中选择"标准"，"开始透明度"值设置为 65。选择"矩形"工具，绘制一个矩形，填充矩形为黑色，去除轮廓线，如图 **11-53** 所示。

图 11-52　拼音文字效果　　　　　　　　　　　图 11-53　黑色矩形块

05　选择"文本"工具，在页面中输入文字"中国国学经典系列"，在属性栏中的"字体列表"选项下拉列表中选择字体为"方正黑体简体"，设置字体大小为 10，效果如图 **11-54** 所示。

06　选择"文本"工具，在页面中输入文字"CHINESE INSTRUMENTAL SERIES"，在属性栏中的"字体列表"选项下拉列表中选择字体为"BankGothic Md BT"，设置字体大小为 10，为文字填充红色，效果如图 **11-55** 所示。

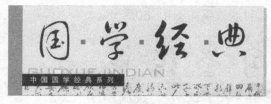

图 11-54　文字效果

图 11-55　英文文字效果

07　选择封面中需要的文字和图形，复制文字，拖曳文字到封底中适当的位置并调整其大小，效果如图 11-56 所示。

08　选择"矩形"工具□，绘制一个矩形，填充矩形为红色，去除轮廓线，如图 11-57 所示。

09　将封面中的"GUOXUEJINDIAN"文字选中，拖曳文字到封底中，单击鼠标右键复制文字。单击属性栏中的"将文本更改为垂直方向"按钮⫴，将文字竖排，拖曳文字到适当的位置。

10　选择"文本"工具**字**，输入条目及编号，在属性栏中的"字体列表"选项下拉列表中选择字体为"方正黄草简体"，设置字体大小为 10，将编号设置为红色，其他文字为黑色，如图 11-58 所示。

图 11-56　封底文字效果

图 11-57　红色矩形

11　根据上述文本设置方法，制作图 11-59 所示的效果。

图 11-58　条目及编号

ISRC CN-D51-008-618-02/AG6

CD-02/68

中国国际唱片总公司出版

图 11-59　文字图形效果

12 拖曳图形到适当位置并调整其大小，封面封底效果如图 11-60 所示。

图 11-60　封面封底效果

制作光盘盘脊效果的步骤如下。

01 选择"矩形"工具□，绘制一个矩形，填充矩形为红色，去除轮廓线，将其拖曳到合适的位置。

02 选择封面封底中所需文字，将其垂直排列，拖曳到合适的位置，光盘封面封底制作完成，效果如图 11-61 所示。

图 11-61　封面封底以及脊效果

制作光盘盘面效果的步骤如下。

01 按【Ctrl+N】组合键新建一个 A4 页面。单击属性栏中的"横向"按钮□，页面显示为横向页面。在属性栏选项中设置宽度为 117mm，高度为 117mm。

02 选择"椭圆"工具○，按住【Ctrl】键，在页面中绘制一个正圆，设置圆形的直径为 117mm。将圆形与页中心对齐，效果如图 11-62 所示。

03 选择圆形，按【+】键复制一个圆形，设置圆形的直径为 112mm，设置图形颜色的 CMYK 值为：0、0、20、0，设置图形轮廓线的 CMYK 值为：40、75、100、0，填充图形及轮廓，效果如图 11-63 所示。

04 导入素材文件"01.tif"和"02.tif"，调整图片的位置并将两张图片同时选取，按【Ctrl+G】组合键，将其群组。选择"交互式透明"工具♈，从图片右下至左上拖曳为图片添加透明效果，如图 11-64 所示。

图 11-62　绘制圆形

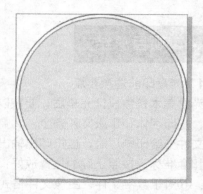

图 11-63　圆形填充及轮廓效果

05　执行"效果"→"图框精确剪裁"→"放置在容器中"命令，在圆形上单击，将图形置入到圆形中，效果如图 **11-65** 所示。

图 11-64　图片透明效果

图 11-65　圆片置于圆形中

06　选择"矩形"工具绘制两个矩形，分别填充黑色和红色，去除轮廓线，将封面中的文字复制粘贴到适当的位置。并将文字和图形置入到圆形中，效果如图 **11-66** 所示。

07　按照音乐光盘的方法，制作盘芯图形，光盘盘面效果如图 **11-67** 所示。

图 11-66　文字图形置于圆形中

图 11-67　光盘盘面效果

11.4 项目总结

1．光盘印前注意要点

光盘美术稿件设计完毕后，要按以下几点规范数字文件：①一定要确保图像文件、屏幕字体、打印字体和排版文件齐全；②需要输出的所有文件，都要有彩色打样样张；③客户把输出文件交给印刷厂时，应打印出输出文件的令部内容清单；④按照要求，把美术稿的各个元素和套准标记按照正确的位置放好；⑤一定要在光盘中心和印刷外边缘的地方正确地留出位置；⑥对于数字文件，图像文件格式建议有为 EPS 或 PostScript 字体。

2．确定印刷工艺

光盘印刷一般有丝网印刷和胶印两种方式。不同的印刷方式有不同的设计要求。CDR刻录光盘一般采用丝网印刷的方式，较少采用胶印。压制光盘可以采用胶印和丝网印刷两种方式。光盘封面设计应该根据印刷方式的不同，而采用不同的设计方法。

丝网印刷的原理是印版在印刷时通过刮板的挤压，使油墨通过图文部分的网孔转移到承印物上，形成与原稿一样的图文。丝网印刷设备简单、操作方便，印刷、制版简易且成本低廉，适应性强。但一般丝网版尺寸不能太大，而且丝网很容易磨损，尺寸大、数量多的印件不适合丝印。而且印刷质量也比较差，不能印制高品质的印刷品。丝网印刷应用范围广，可应用于塑料、金属、陶瓷及玻璃等特殊承印物的印刷。

3．设计制作要领

在整个光盘封面设计中，光盘盘面的设计是非常重要的一部分，用户在设计工程中需要注意多方面的事项，以保证光盘外观与内容恰到好处地结合。

设计稿图像精度要达到 300dpi 以上，颜色模式需要采用 CMYK 模式。图像要清晰，制作要原作不可失真。所有文字需要转换为矢量，不要过小，线条不小于 0.1mm,字体不得小于 6 号字。

通过本章节的学习，读者应掌握各类光盘制作的基本要领和光盘设计的相关知识。

制作图 11-68 所示花纹光盘的封面和盘面效果。光盘图形包括圆形、月牙形、飞鸟图形、线条和箭头图形等，图形设计精美。

图 11-68 花纹光盘效果

操作提示

01 根据光盘尺寸确定水平和垂直辅助线。

02 使用"椭圆"工具 ⬭ 和属性栏中的"修剪"按钮 ⬒，制作月牙图形洋红色 ▮、蓝紫色 ▮、深黄色 ▢ 和酒绿色 ▮ 。

03 选择"贝塞尔"工具 ⬔ 绘制线条图形和飞鸟图形，并填充白色。

04 使用"椭圆"工具 ⬭ 绘制光盘中不规则圆形。

05 选择"箭头形状"工具 ⬚ 绘制箭头形状，并将轮廓线设置为白色。

06 使用"渐变填充"工具 ▮，设置图形背景色。

07 使用"效果"→"图框精确剪裁"→"放置在容器中"命令，制作光盘盘面效果。

项 **12** 目

折页设计

12.1　折页设计简介

　　折页设计是企业在建立品牌形象和促进产品销售的一种有效的手段。对于手册的外观形式而言，折页是宣传册（页）、宣传单和说明书等宣传印刷品的统称，泛指由单张纸通过不同折叠方式形成的印刷品。折页以其精美的印刷品质、丰富的信息量、类书籍（封面、封底）的展示空间和低廉的制作成本等特点，广泛应用于企业产品宣传领域。

　　常见的折页印刷品有宣传册（页）、说明书、宣传单和 **DM** 单等。折页按照规格与工艺分为单页、两折页、三折页、四折页和封套等，如图 **12-1**～图 **12-4** 所示。

图 12-1　单页

图 12-2　两折页

图 12-3　三折页

图 12-4 四折页

折页的常见尺寸规格（宽×高，单位：mm）：

单　页：　实际大小为 210×285

　　　　　设计大小为 216×291，出血：3

两折页：　实际大小为 420×285

　　　　　设计大小为 426×291，出血：3

三折页：　实际大小为 630×285

　　　　　设计大小为 636×291，出血：3

封　套：　比两折页大 3～5mm，封套处高为 5～7mm（如需嵌入名片则按名片尺寸对角横竖 1～1.5mm 开折线口）粘口为 10mm。

注：上述仅为标准尺寸，多数折页需根据实际需求自定尺寸。

12.2　手机折页设计

12.2.1　项目分析

要先根据客户提供的资料确定主题风格，规划折页的正面和背面的文字内容，然后构思版面设计的风格，设计出版面小样，并进一步完善设计，最终完成折页的排版。

本折页以黄绿为主色调，综合运用 CorelDRAW 中的"钢笔"工具、"文本"工具、图框精确剪裁、"交互式阴影"工具、"交互式封套"工具、"交互式透明"工具、"渐变填充"和"交互式填充"、"表格"工具等完成手机折页的排版，效果如图 12-5 所示。

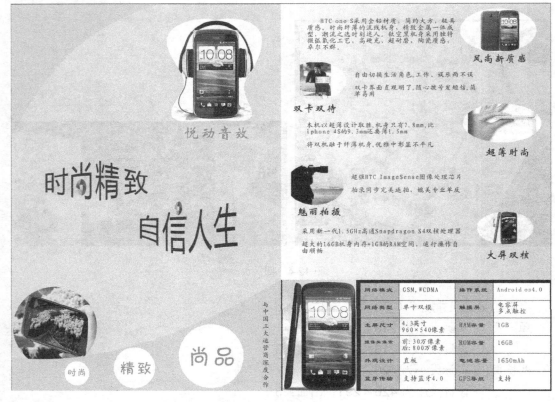

图 12-5　手机折页效果图

12.2.2　项目实施

绘制手机折页左侧图形的步骤如下。

01　启动 CorelDRAW，选择"文件"→"新建"命令，在属性栏中设置当前页面尺寸为 285mm×210mm，如图 12-6 所示。

02　选择工具箱中的"矩形"工具■，绘制与页面等大的矩形，并填充草绿色（C:12,M:0,Y:90,K:0）。按小键盘的【+】键，原位置复制一个矩形，设置线性渐变填充，渐变角度为 0，颜色调和从黄色到白色，如图 12-7 所示。

图 12-6　设置页面属性

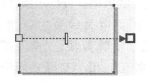

图 12-7　设置线性渐变填充

03　选定复制的矩形，单击工具箱中的"交互式填充"工具■，调整中间的滑块和右侧颜色手柄的位置如图 12-7 所示。

04 单击工具箱中的"交互式透明"工具，在属性栏中的"透明度类型"下拉列表中选择"位图图样"，具体设置如图 12-8 所示。

图 12-8 "交互式透明"工具的属性栏

调整"交互式透明"工具的手柄位置，位置如图 12-9 所示。选择"排列"→"锁定对象"命令，锁定矩形框。

05 利用"贝塞尔"工具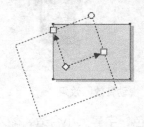或"钢笔"工具绘制图 12-10 所示的图形，分别填充橙色（C:1,M:16,Y:87,K:0）和白色；并利用"形状"工具调整形状。用鼠标右键单击右侧调色板中的⊠，取消轮廓色。

图 12-9 调整透明度手柄

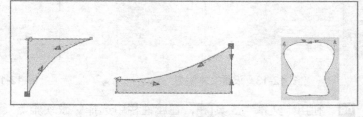

图 12-10 绘制图形

06 选择"文件"→"导入"命令或按【Ctrl+I】组合键,导入所需图像文件。选定图像，选择"效果"→"图框精确剪裁"→"放置在容器中"命令，当出现向右箭头时，单击绘制的形状，将图像置于形状中。选择"效果"→"图框精确剪裁"→"编辑内容"命令，调整图像的位置。用同样方法，将拍照的图像放置在圆中，并设置图像的位置，如图 12-11 所示。用鼠标右键单击此圆，要弹出的快捷菜单中选择"顺序"→"置于此对象后"命令，当光标变成黑色箭头时，单击图 12-10 中间的形状，将圆置于该形状后，如图 12-12 所示。

图 12-11 图框精确剪裁

图 12-12 调整图层顺序

07 选择工具箱中的"椭圆形"工具，按住【Ctrl+Shift】组合键，从中心点画圆，利用此方法绘制 3 个大小不等的圆，如图 12-5 所示。利用"文本"工具字，在属性栏中选择合适的字号和字体在 3 个圆中输入"时尚"、"精致"和"尚品"。

08 利用"文本"工具字，在属性栏中选择"华文楷体"、10，黑色，输入竖排文本

"与中国 3 大运营商深度合作"。单击"交互式阴影"工具，在属性栏的"预设"下拉列表中选择"中等辉光"，阴影不透明度为 70，阴影羽化为 30，阴影颜色为"10%黑"。也可以直接将调色板中的"10%黑"拖至阴影的右侧手柄，如图 12-13 所示。用同样方法输入"悦动音效"并设置黄色"中等辉光"阴影，如图 12-14 所示。

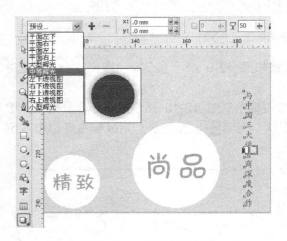

图 12-13　设置文本阴影

图 12-14　"悦动音效"效果

09 利用"文本"工具字，在属性栏中选择"微软雅黑"、蓝色，字号大小合适，输入"时尚精致"和"自信人生"，并调整好字体的位置。

10 选择"文件"→"导入"命令，导入"circle.cdr"图形，注意导入时在"文件类型"中要选择"所有文件格式"。

11 利用"挑选"工具，选择文字"时尚精致"，选择"排列"→"打散美术字"命令（快捷键【Ctrl+K】），选择"尚"字，利用"橡皮擦"工具擦除中间的"口"，将导入的形状调整好大小拖至"尚"字的合适位置。利用"挑选"工具框选"时尚精致"4 个字，按【Ctrl+G】组合键。

12 单击工具箱中的"交互式封套"工具，调整封套形状如图 12-15 所示。用同样方法设置"自信人生"的"信"字及"自信人生"封套的形状。

图 12-15　设置封套

绘制手机折页右侧图形的步骤如下。

01 利用"矩形"工具绘制宽为 142.5mm，高为 150.0mm，选择"排列"→"对齐和分布"→"对齐和分布"命令（或按【Alt+A+A+A】组合键），打开"对齐与分布"对话框，设置如图 12-16 所示。

02 利用"渐变填充"工具，填充从白色到橙色（C:1,M:16,Y:87,K:0）的渐变。利用

"交互式填充"工具修改渐变颜色左侧手柄的位置，如图 12-17 所示。

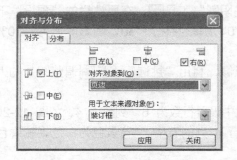

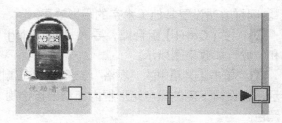

图 12-16 "对齐与分布"对话框　　　　　　图 12-17 设置渐变填充

03 利用"矩形"工具□绘制宽为 142.5mm，高为 60.0mm，按【Alt+A+A+A】快捷键打开"对齐与分布"对话框，设置靠"页边"下对齐和右对齐。填充色为黑色。

04 单击工具箱中的"椭圆形"工具○，绘制椭圆，按 5 次小键盘上的【+】，复制 5 个椭圆（也可按鼠标左键拖动到合适位置再右键释放，复制 5 个椭圆）。利用"挑选"工具□拖动各椭圆至合适位置并调整好椭圆的大小，如效果图所示。

05 导入如效果图所示的图像并分别利用"图框精确剪裁"命令，将图像置于各椭圆中，并调整图像在椭圆中的位置。

06 利用"文本"工具字，在属性栏中选择"楷体"，10pt，在合适位置拖出一个文本框，输入文本。或打开"htc 简介.doc"，复制相应内容，在 CorelDRAW 中，选择"编辑"→"选择性粘贴"命令，在"选择性粘贴"对话框中选择"文本"，如图 12-18 所示。也可选择"Rich Text Format"，单击"确定"按钮，则弹出图 12-19 所示的"导入"→"粘贴文本"对话框，选择所需项后，单击"确定"按钮导入文本。

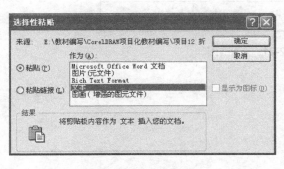

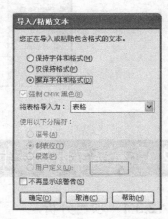

图 12-18 选择性粘贴　　　　　　图 12-19 "导入"→"粘贴文本"对话框

07 选定各项复制好的文本，单击"文本"工具字，调整段落文本的宽度，并设置好字体、字号，最后调整各段落文本的位置。

08 单击"文本"工具字，在属性栏中选择"华文新魏"、16pt，在图像下单击输入美术字"风尚新质感"、"双卡双待"、"超薄时尚"、"魅丽拍摄"和"大屏双核"。

09 选择美术字"风尚新质感",单击"交互式阴影"工具■,在属性栏的"预设"下拉列表中选择"中等辉光",设置阴影不透明度为 70,阴影羽化为 30,阴影颜色为"10%黑"。同样方法设置其他美术字的阴影效果。

10 按【Ctrl+I】组合键,导入"htc02.jpg"图像,利用"挑选"工具■调整图片的大小和位置,如效果图所示。

11 单击工具箱中的"表格"工具■,在属性栏中设置行数为 6,列数为 4,如图 12-20 所示,在页面下侧的黑色矩形框内拖动鼠标绘制 6 行 4 列的表格。背景色为白色,轮廓色为黑色。

图 12-20 "表格"工具属性栏

12 选择"表格"工具■,将鼠标指针放在左侧第一条垂直分隔线上,当指针变为水平双向箭头时,往左侧拖动线条,调整列宽;同样方法调整第 3 列的列宽。

13 选择"表格"工具■,自左上角拖动鼠标至左下角,选择第 1 列,并填充橘红色(C:2,M:25,Y:96,K:0);同样方法填充第 3 列的底纹。

14 单击"文本"工具■,在各单元格内单击输入图 12-21 所示的文字。

网络模式	GSM,WCDMA	操作系统	Android os4.0
网络类型	单卡双模	触摸屏	电容屏 多点触控
主屏尺寸	4.3英寸 960×540像素	RAM容量	1GB
摄像头像素	前:30万像素 后:800万像素	ROM容量	16GB
外观设计	直板	电池容量	1650mAh
蓝牙传输	支持蓝牙4.0	GPS导航	支持

图 12-21 表格制作

12.3 食品三折页设计

12.3.1 项目分析

本折页确定为三折页,首先绘制折页的框架,如折页封面的设计、背景的填充等,综合运用"矩形"工具、"椭圆形"工具、"钢笔"工具、"文本"工具、文字的变形和轮廓应用、填充、交互式调和、交互式透明和位图及滤镜等完成三折页的设计与排版,效果如图 12-22 所示。

图 12-22 食品三折页效果图

12.3.2 项目实施

左侧页面设计步骤如下。

01 打开"食品三折页素材.cdr",在属性栏中设置当前页面尺寸为 285mm×210mm。

02 利用"矩形"工具▢绘制矩形,填充色为白色。设置尺寸为 95mm×210mm,按小键盘上的【+】键,复制两个矩形副本。利用"挑选"工具 选定各个矩形,按【Alt+A+A+A】组合键,打开图 12-23 所示的"对齐与分布"对话框,在"对齐对象到"下拉列表中选择"页边",勾选"上"复选框,再分别勾选"左"、"中"、"右"复选框实现各矩形的对齐,如图 12-24 所示。

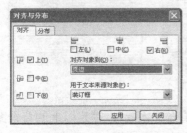

图 12-23 "对齐与分布"对话框

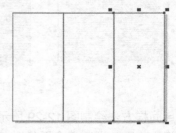

图 12-24 绘制三个矩形

03 利用"挑选"工具 选择左侧的矩形，按【F11】键，在图 12-25 所示的"渐变填充"对话框中设置自定义线性渐变填充，颜色分别为（C:66,M:0,Y:6,K:0）、（C:10,M:0,Y:4,K:0）、白色。单击"交互式填充"工具 ，调整颜色手柄位置如图 12-26 所示，锁定该矩形。

04 利用"矩形"工具 在左侧矩形框的最下面绘制一细矩形，填充色为白色，无轮廓色。鼠标左键拖动该矩形至左侧矩形框的上端位置后右键释放，复制一矩形。单击工具箱中的"交互式调和"工具 ，按住【Shift】键，从复制的白色矩形拖至第一个矩形，并在属性栏中将步长值改为 100，如图 12-27 所示，按【Ctrl+G】组合键群组矩形组。

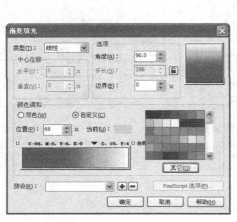
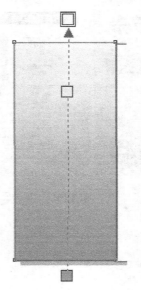
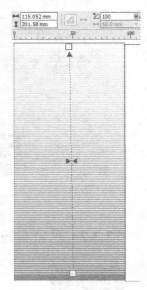

图 12-25 "渐变填充"对话框　　图 12-26 调整渐变手柄　　图 12-27 交互式调和

05 解锁左侧矩形，并将调和后的矩形组移开一点，利用"图框精确剪裁"命令，将调和后的矩形组置于左侧矩形内，并调整好在矩形中的位置。

06 单击工具箱中的"贝塞尔"工具 或"钢笔"工具 在左侧矩形框中绘制形状，如图 12-28（左图）所示。单击"形状"工具 ，在图 12-28 中图的线上单击，然后再单击属性栏中的"转换直线为曲线"按钮 ，调整曲线形状如图 12-28 右图所示，为绘制的图形填充黄色（C:1,M:16,Y:87,K:0）。

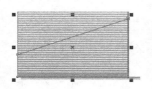
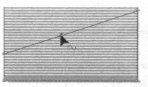

图 12-28 绘制图形 1

07 用同样方法绘制图 12-29 所示的形状，并填充"冰蓝"，锁定以上的背景图形。

08 将人物图片调整至合适位置，如效果图的左边折页所示。

09 单击工具箱的"文本"工具 字，在左侧矩形框的适当位置单击输入美术字"全面营养"，字体为"华文琥珀"，字号为 **32pt** 和 **48pt**。按两次小键盘的【+】键，复制两份。在"对象管理器"泊坞窗中选定中间层的文字"全面营养"，双击页面右下角的 或单击工具箱中的"轮廓笔"工具 设置轮廓色为白色，轮廓宽度为 **5.0mm**，如图 **12-30** 所示。

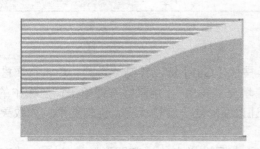

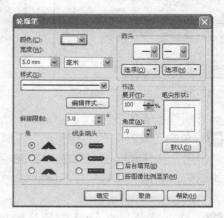

图 12-29 绘制图形 2　　　　　　　　　图 12-30 "轮廓笔"对话框

10 在"对象管理器"泊坞窗中选定底层的文字按同样方法设置轮廓色为"洋红"，宽度为 **8.0mm**。按【Ctrl+K】组合键打散美术字。依次选定各个文字，分别设置其轮廓色为（R:204,G:0,B:102）、（R:51,G:204,B:255）、（R:204,G:255,B:0）、（R:255,G:204,B:0），效果如图 **12-31** 所示。

11 利用"文本"工具 字 在页面适当位置单击输入"呵护母婴健康"，设置字体为"华文琥珀"，字号为 **32pt** 和 **48pt**，按【Ctrl+K】组合键打散美术字。利用"挑选"工具 两次单击"呵"字，旋转，如图 **12-32** 所示；选择"排列"→"转换为曲线"命令，或按【Ctrl+Q】组合键，将"呵"字转换成曲线，同样方法将"护"字旋转并转曲，利用"形状"工具 调整"护"字的节点，如图 **12-33** 所示。

图 12-31 文字格式 1　　　　图 12-32 文字格式 2　　　　图 12-33 文字格式 3

12 利用 "文本"工具 字 拖出一个文本框，字体为黑体，输入段落文本内容，切换到"挑选"工具 ，调整文本框右下角向下的箭头，调整段落文本的行间距。选择"文本"→"项目符号"命令，在图 **12-34** 所示"项目符号"对话框中设置项目符号，效果如图 **12-35** 左图所示。按两次【Ctrl+K】组合键，打散段落文本，分别选择各项目符号，单击右侧调色板中的洋红色，设置项目符号的颜色，如图 **12-35** 右图所示。

图 12-34 "项目符号"对话框

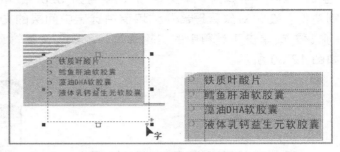

图 12-35 项目符号效果

标志制作步骤如下。

01 单击工具箱中的"椭圆形"工具 ◎，按住【Ctrl】键，绘制一正圆，单击在属性栏中的"饼形"按钮 ◎，设置如图 12-36 所示，填充"青色"，用鼠标右键单击调色板中的 ☒ 取消轮廓色。利用"挑选"工具 � 两次单击，让该图形处于旋转状态，旋转图形，如效果图所示。

02 按小键盘上的【+】键原位置复制，单击属性栏中的"椭圆形"按钮 ◎，填充白色。单击工具箱中的"交互式透明"工具 ☒，在属性栏中选择"线性"，调整透明度手柄如图 12-37 所示。

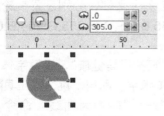

图 12-36 绘制饼形

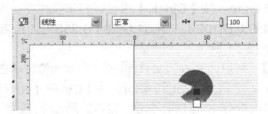

图 12-37 应用交互式透明

03 在上述饼形上绘制一个小的正圆，填充色为白色，无轮廓色。将光标指向该圆，向上滚动鼠标中间的滚轮，放大该图形。单击工具箱中的"交互式透明"工具 ☒，在属性栏中选择"射线"，利用鼠标按住调色板的"白色"不放拖至透明度的黑色手柄后松开鼠标，同样方法将调色板中的"黑色"拖至"白色手柄"，调节手柄的位置，如图 12-38 所示。将该光晕移至图形下方的合适位置，再复制一个，利用"挑选"工具 ▣ 进行缩放，如效果图所示。

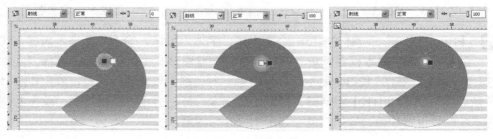

图 12-38 绘制发光的圆

04 利用"贝塞尔"工具绘制图 12-39 所示的"Q"尾巴图形。填充"青色"，无轮廓色。将该图形调整好位置，构成"Q"字。按小键盘的【＋】复制两个，修改颜色为绿色和红色。

图 12-39 绘制"Q"尾巴

05 利用"挑选"工具 将文字"THREE Q"调整至标志下方。利用"文本"工具输入"— 智力 体力 抵抗力 —"，颜色为"洋红"，如效果图所示。

中间、右侧页面设计步骤如下。

01 利用"贝塞尔"工具绘制图 12-40 左图、中图所示的形状，左图形状的填充色（C:5,M:5,Y:68,K:0），中图的填充色为"冰蓝"，调整这两个形状的位置如图 12-40 右图所示，按【Ctrl+G】组合键群组这两个形状。

图 12-40 绘制页面背景形状

02 按小键盘上的【＋】键原位置复制 1 个，保持选定状态，单击属性栏中的"水平镜像" ，移动至右侧矩形框内，相对"页边"靠上、靠右对齐，如图 12-41 所示。

03 同样方法绘制页面的下侧图形，锁定图形，如图 12-42 所示。

图 12-41 水平镜像　　　　　　图 12-42 绘制页面下侧图形

04 利用"矩形"工具绘制填充色为"洋红"、无轮廓色的矩形，调节属性栏中的"矩形的边角圆滑度"按钮，如图 12-43 所示。

05 在该矩形的中间位置绘制另一矩形，如图 12-44 所示。框选这两个图形，单击属性栏中的"修剪"按钮。删除最上面的图形，如图 12-45 所示。

或选择上面的图形，选择"窗口"→"泊坞窗"→"造形"命令，打开图 12-46 所示的"造形"泊坞窗，单击该窗口中的"修剪"按钮，在洋红色的矩形上单击即可。

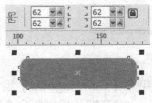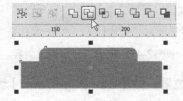

图 12-43 绘制圆角矩形　　　图 12-44 绘制矩形　　　图 12-45 修剪后的形状

图 12-46 "造形"泊坞窗

06 选择"视图"→"标尺"命令，显示页面水平标尺和垂直标尺。再选择"视图"→"辅助线"命令，显示辅助线。单击工具箱中的"挑选"工具 命令，将光标移动到水平标尺上拖出水平辅助线至适当位置后松开鼠标左键，利用"文本"工具 字 输入文字，并将各个包装图移至合适位置，如图 12-47 所示。

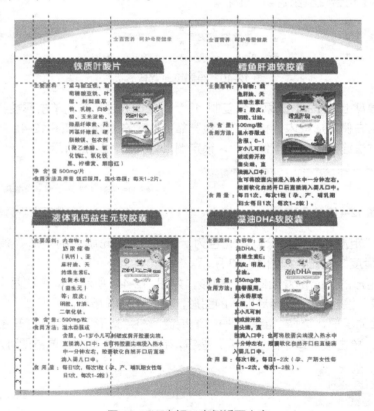

图 12-47 中间、右侧折页内容

07 将其他位图移至合适位置，按【Ctrl+PageDown】组合键或【Ctrl+PageUp】组合键移动位图的层次，选择需模糊的位图，选择"位图"→"模糊"→"高斯式模糊"命令，打开"高斯式模糊"对话框，设置如图 12-48 所示。

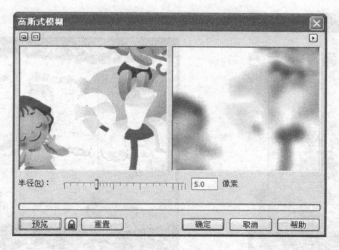

图 12-48   高斯式模糊滤镜

08   其他位图如上述方法一样设置模糊效果。

食品折页的立体效果制作步骤如下。

01   单击"文档导航器"中的 🖹，或用鼠标右键单击"页 1"，在弹出的快捷菜单中选择 "🖹 在后面插入页(F) "命令，新增一个页面"页 2"。

02   选择"版面"→"页面背景"命令，弹出图 **12-49** 所示的对话框，在纯色下拉列表中选择"黑色"。

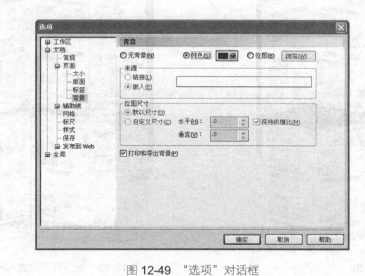

图 12-49   "选项"对话框

03   利用"挑选"工具 🖹 框选页 1 中的所有对象，复制，在"页 2"中粘贴，适当缩小折页。分别框选左侧、中间、右侧折页，按【Ctrl+G】组合键群组对象。

04   利用"挑选"工具 🖹 两次单击左侧折页，使对象处于旋转和倾斜状态时，将鼠标指针移至左边双箭头处，当指针变成图 **12-50** 所示的形状时按住鼠标左键不放往上移拖动，调整对象形状。同样方法调整中间和右侧的折页，效果如图 **12-51** 所示。

图 12-50　倾斜左折页

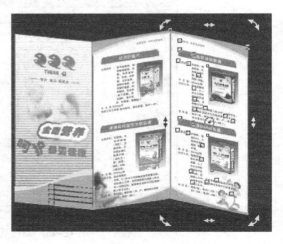

图 12-51　倾斜中间和右折页

05　框选所有对象，按小键盘的【＋】键复制，单击属性栏中的"垂直镜像"按钮，形成折页倒影，如图 **12-52** 所示。分别选择左侧、中间和右侧折页，利用"挑选"工具 [⬚] 倾斜调整折页倒影位置和形状，如图 **12-53** 所示。

图 12-52　制作倒影

图 12-53　调整倒影位置和形状

06　框选倒影图形，选择"位图"→"转换为位图"命令，弹出图 **12-54** 所示的对话框，勾选"光滑处理"和"透明背景"复选框，单击"确定"按钮，将倒影图形转换为位图。

07　单击工具箱的"交互式透明"工具 [⬚]，从上面折页的位置拖至倒影位图，调整透明度手柄如图 **12-55** 所示。

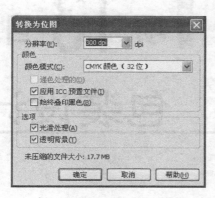

图 12-54　"转换为位图"对话框　　　　　　　图 12-55　为倒影添加透明

12.4　项目总结

　　本项目中通过手机折页和食品三折页的制作，详细讲解了折页的设计方法，综合运用了各种"交互式"工具、"美术字与段落文本"、"图框精确剪裁的应用"以及"位图和滤镜的应用"等工具。利用"交互式阴影"工具可以为对象添加立体阴影，利用"并交互封套"工具改变对象的形状，利用交互式调和实现等间距复制对象，利用"交互式透明"工具可以实现一些特殊背景的制作及倒影效果的制，使对象更具有立体效果。

　　在使用"交互式透明"工具需注意如下。

　　（1）"交互式透明"中的手柄：黑色是代表完全透明，白色代表完全不透明。

　　（2）在使用"交互式透明"工具时，对象太多不能应用该工具，即使编组也不行，此时可以将编组对象转换成位图，然后再应用"交互式透明"工具。

项 13 目

包装设计

13.1　包装设计简介

包装是品牌理念、产品特性和消费心理的综合反映，它直接影响到消费者的购买欲。包装是建立产品与消费者亲和力的有力手段。在经济全球化的今天，包装与商品已融为一体。包装作为实现商品价值和使用价值的手段，在生产、流通、销售和消费领域中，发挥着极其重要的作用，是企业界、设计不得不关注的重要课题。包装的功能是保护商品、传达商品信息、方便使用、方便运输、促进销售和提高产品附加值。包装作为一门综合性学科，具有商品和艺术相结合的双重性。包装的重要性促使了包装设计这个产业的兴起。

1．包装设计的三大构成要素

包装设计即指选用合适的包装材料，运用巧妙的工艺手段，为包装商品进行的容器结构造型和包装的美化装饰设计。从中可以看到包装设计的三大构成要素：外形要素、构图要素和材料要素。

（1）外形要素：外形要素就是商品包装示面的外形，包括展示面的大小、尺寸和形状。包装外形要素的形式美法则主要从以下 8 个方面加以考虑：对称与均衡法则、安定与轻巧法则、对比与调和法则、重复与呼应法则、节奏与韵律法则、比拟与联想法则、比例与尺度法则、统一与变化法则。

（2）构图要素：构图是将商品包装展示面的商标、图形、文字和组合排列在一起的一个完整的画面。这四方面的组合构成了包装装潢的整体效果。商品设计构图要素商标、图形、文字和色彩的运用得正确、适当和美观，就可称为优秀的设计作品。

（3）材料要素：材料要素是商品包装所用材料表面的纹理和质感。它往往影响到商品包装的视觉效果。利用不同材料的表面变化或表面形状可以达到商品包装的最佳效果。包装用材料，无论是纸类材料、塑料材料、玻璃材料、金属材料、陶瓷材料、竹木材料以及其他复合材料，都有不同的质地肌理效果。运用不同材料，并妥善地加以组合配置，可给消费者以新奇、冰凉或豪华等不同的感觉。

2．包装设计的基本要求

（1）市场调研与分析。

包装设计是企业市场营销活动中的一部分，是推销商品与宣传企业形象的一种手段。包装是否有销售力，是否能良好地展示企业形象，都是与包装的内容、消费层、销售渠道及销售地点等联系的。

（2）产品的定位。

突出品牌的定位，适合知名度比较高的产品。利用品牌效应给消费者一种想象，使消费者用消费品牌产品来提升自我价值。了解消费对象，突出展示终端消费者的差别，做出针对性的设计。

（3）包装设计的要素。

◇　色彩：色彩设计必须准确地传达商品的典型特征，基本上每一类别的产品在消费者的印象中都有相应的象征色、习惯色和形象色。现在许多企业都有标准的视觉识别系统（CI），其中详尽规定了企业的标准色。在产品种类比较多时，尽量使用企业视觉识别系统中用的标准色将产品统一起来。

◇　图案：图案在包装上是信息的主要载体，可表现丰富的内容，大致可以分为产品标志图案、产品形象图案和产品象征图案。

◇　文字：文字在包装中的功能不同，可以分为形象文字、宣传文字和说明文字等3种。

◇　造型：造型是指包装的立体造型，如装液体的瓶、罐及各式各样的纸盒及复合材料等。

（4）包装设计手法。

◇　直接表现：用最直接的手法将产品展示在消费者面前，以求在最短的时间内打动消费者，达到促销产品的目的。

◇　象征表现：通过名称、造型、颜色和图案等让消费者产生联想，从而引导消费者对产品的了解与理解，激发消费者对产品价值及文化的亲近感，最终激发购买愿望。

◇　差异表现：从市场的具体环境出发，将设计定位放在与同类产品有差别的基础上。

包括是否具有媒介主体的工作性质和身份；是否别致、独特；是否符合持有人的业务特性。

13.2 茶包装设计

本例绘制一个茶包装的立体效果图，其效果如图 13-1 所示。包装以绿色为主色调，由正面、侧面和顶面组成，茶叶名称在正面上以竖排方式进行放置，其旁边是一幅虚化的图，使茶名更加突出、醒目，达到宣传的效果。

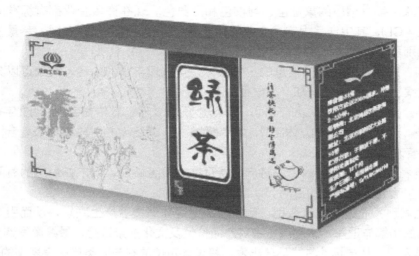

图 13-1　茶包装设计

13.2.1　项目分析

（1）包装采用绿色系为主色调，绿色常常是茶包装设计的首选颜色，因为绿色本身是茶树的颜色，许多茶叶冲泡后也会呈现绿色。绿色的设计款式给人安静、亲切的感受，会产生令人舒适的效果。

（2）包装外形采用了传统的方形设计，图案使用了茶马古道的插画，文字采用了书法手写字体，突出了中国的传统文化。

（3）本项目主要涉及"椭圆"工具、"矩形"工具、"文本"工具、"交互式阴影"工具、"交互式透明"工具、"镜像复制"、"填充"和"轮廓笔"工具的使用。

13.2.2　项目实施

绘制茶包装正面背景图的步骤如下。

01　新建文件"茶包装.cdr"，按【Ctrl+N】组合键新建一个 A4 页面。单击属性栏中的"横向"按钮▢，页面显示为横向页面。选择"矩形"工具▢，在页面绘制一个矩形，在属性栏中"对象大小"选项中设置矩形的长和宽分别为 150mm 和 80mm。

02　选择"均匀填充"工具▮，弹出"均匀填充"对话框，设置 CMYK 值为：11、

0、30 和 0，如图 13-2 所示，单击 确定 按钮，图形被填充，用鼠标右键单击调色板中的☒按钮，去除图形轮廓线，效果如图 13-3 所示。

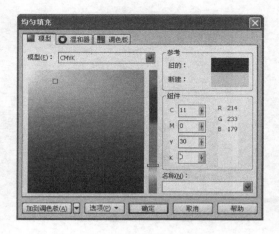

图 13-2 "均匀填充"对话框 1　　　　　　　　图 13-3 图形填充效果

03 选择"矩形"工具▢，在上述图形内绘制一个矩形，选择"均匀填充"工具▣，弹出"均匀填充"对话框，设置 CMYK 值为：82、40、99 和 39，如图 13-4 所示，单击 确定 按钮，图形被填充，将该矩形复制两个，调整宽度及位置，去除图形的轮廓线，效果如图 13-5 所示。

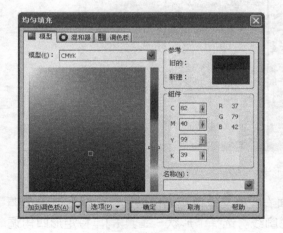

图 13-4 "均匀填充"对话框 2　　　　　　　　图 13-5 矩形绘制效果

04 打开"素材"→"花纹.cdr"文件，将花纹图形复制粘贴到图形中适当位置，选择花纹图形，执行"效果"→"图框精确剪裁"→"放置在容器中"命令，在墨绿色矩形上单击，如图 13-6 所示，将花纹置入矩形中，效果如图 13-7 所示。

05 打开"素材"→"茶马古道.cdr"文件，将图形复制粘贴到包装正立面的左侧，选择"交互式透明"工具🖤，在属性栏中的"透明度类型"选项下拉列表中选择"标准"，将"开始透明度"设置为 69，为图形添加透明效果，如图 13-8 所示。

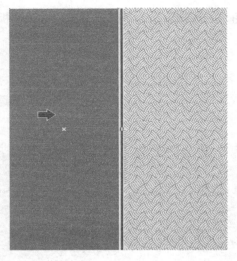

图 13-6 执行放置在容器中命令　　　　　　　　　　　　图 13-7 花纹置入效果

图 13-8 图形透明效果

06　选择"矩形"工具▢，在包装正立面右侧的墨绿色矩形中绘制一个矩形，单击调色板中白黄色块▢，为图形填充颜色，去除轮廓线。选择"形状"工具▸，将矩形四角调整为圆角。再次选择"矩形"工具，绘制一个稍大的矩形，设置轮廓线颜色为白黄，去除填充色，效果如图 13-9 所示。

07　选择一大一小两个白黄色图形，执行"排列"→"分布和对齐"命令，在打开的对话框中设置水平垂直均居中对齐，如图 13-10 所示。

08　选择"文本"工具字，输入"绿"字，在属性栏中的"字体列表"选项下拉列表中选择字体为"叶根友蚕燕隶书"，设置字体大小，设置文字颜色的 CMYK 值为 82、40、99 和 39，填充文字。

09　将步骤**08**中的复制一个，单击调色板中黄色块▢，将文字填充为黄色。调整两个文字的位置，制作文字的重叠效果，如图 **13-11** 所示。

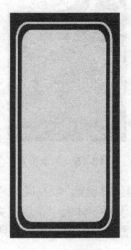

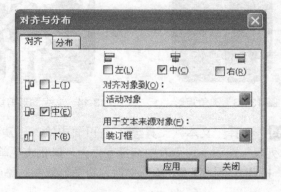

图 13-9　矩形效果　　　　　　　　　　　　图 13-10　对齐与分布设置

10　按照与步骤 **08**、**09** 相同的方法，制作"茶"字的重叠效果，将"绿茶"两字呈竖直排列，摆放在图形合适的位置，效果如图 **13-12** 所示。

图 13-11　文字重叠效果　　　　　　　　　　图 13-12　文字竖直排列

11　制作"茗茶"图章效果。选择"矩形"工具□，在页面绘制一个矩形，在属性栏中设置该矩形上下左右四个角的"边角圆滑度"为 **30**，打开"均匀填充"对话框，设置颜色的 CMYK 值为 **40**、**100**、**100** 和 **0**，填充图形，去除图形的轮廓线，效果如图 **13-13** 所示。

12　选择"文本"工具**字**，在圆角矩形中分别输入文字"茗"、"茶"，在属性栏中的"字体列表"选项下拉列表中选择字体为"汉仪粗篆繁"，设置字体大小，填充文字为白色。将圆角矩形和两个字同时选取，单击属性栏中的"移除前面对象"按钮◨，将其剪切为一个图形，效果如图 **13-14** 所示。调整图形的大小，将其移动到合适的位置，如图 **13-15** 所示。

图 13-13　圆角矩形　　　　图 13-14　文字图形剪切效果　　　　图 13-15　图章位置

13　选择"文本"工具字，在页面中输入"清茶快此生，静坐得幽远"，在属性栏中的"字体列表"选项下拉列表中选择字体为"叶根友毛笔行书简体"，设置字体大小，填充文字为黑色。打开"素材/茶壶.cdr"文件，将图形复制粘贴到页面合适位置，效果如图 13-16 所示。

图 13-16　文字及茶壶效果

14　制作包装标志。选择"贝塞尔"工具，绘制图 13-17 所示的图形。设置图形上半部分颜色 CMYK 值为：40、100、100 和 0，下半部分颜色 CMYK 值为 82、40、99 和 39。选择"文本"工具字，在页面中输入"绿腾生态茗茶"，在属性栏中的"字体列表"选项下拉列表中选择字体为"方正准圆简体"，设置字体大小，填充文字为黑色。按【Ctrl+G】组合键将图形和文字群组并移动到合适的位置，效果如图 13-18 所示。

图 13-17　标志图形　　　　　　图 13-18　标志图形整体效果

15 制作正面四角图形。使用"矩形"工具□和"钢笔"工具⬟,绘制图 13-19 所示的图形,设置图形轮廓颜色 CMYK 值为 82、40、99 和 39。通过移动、复制和镜像等操作,将图形放置于包装正面四角,效果如图 13-20 所示。

图 13-19 四角图形   图 13-20 茶包装正面效果

绘制茶包装侧面背景图的步骤如下。

01 选择"矩形"工具□,在页面绘制一个矩形,在属性栏的"对象大小"选项中设置矩形的长和宽分别为 50mm 和 80mm。拖曳矩形到适当的位置,如图 13-21 所示。

02 选择"均匀填充"工具■,弹出"均匀填充"对话框,设置 CMYK 值为 82、40、99、39,单击 确定 按钮,图形被填充,然后用鼠标右键单击调色板中的☒按钮,去除图形轮廓线,效果如图 13-22 所示。

图 13-21 侧面矩形   图 13-22 侧面矩形填充

03 选择"挑选"工具⬉,选取包装正面中的四角图形,按数字键盘的【+】键,复制一份图形。拖曳图形到侧面图形的适当位置并调整其大小,效果如图 13-23 所示。

04 继续调整图形形状,使 4 条边连续,选中侧面的四角图形,单击属性栏中焊接按钮⬔,将 4 个图形焊接为一个整体,用鼠标右键单击调色板白黄色块□,将轮廓颜色填充为白黄色,效果如图 13-24 所示。

05 选择"文本"工具字,拖曳出一个文本框,在文本框内输入需要的文本,在属性栏中的"字体列表"选项下拉列表中选择字体为"方正准圆简体",设置字体大小,填充文字为白黄色,效果如图 13-25 所示。

06 执行"文本"→"段落格式化"命令,弹出"段落格式化"对话框,在"段落和行"设置区中,设置段落后为 134%,行为 134%,如图 13-26 所示。

图 13-23　侧面四角图形

图 13-24　侧面四角图形焊接效果

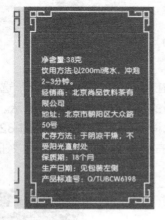

图 13-25　侧面文字效果

图 13-26　段落格式化设置

07 选择"工具"→"选项"命令，在打开的"选项"对话框中展开文本选项，取消"显示文本框"复选框，将文本框隐藏，如图 **13-27** 所示。

08 选择包装正面图形中的标志图形，按数字键盘的【+】键，复制一个图形。拖曳图形到侧面图形的适当位置并调整其大小，效果如图 **13-28** 所示。

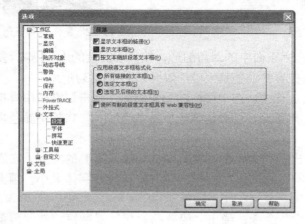

图 13-27　"选项"对话框

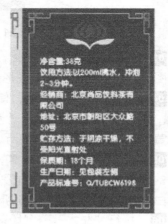

图 13-28　茶包装侧面效果

绘制茶包装顶面背景图的步骤如下。

01 选择"矩形"工具▢，在页面绘制一个矩形，在属性栏中"对象大小"选项中设置矩形的长和宽分别为 **150mm** 和 **50mm**。拖曳矩形到适当的位置，如图 **13-29** 所示。

02 选择"渐变填充"工具▉，弹出"渐变填充"对话框，在"类型"选项中选择线性，单选"双色"单选框，"从"选项颜色 CMYK 值设置为 **82、40、99、39**，"到"选项颜色 CMYK 值设置为 **11、0、30、0**，效果如图 **13-30** 所示，单击 确定 按钮，图形被填充，用鼠标右键单击调色板中的⊠按钮，去除图形轮廓线。

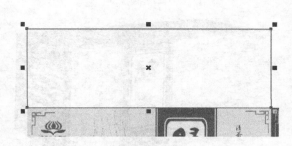

图 13-29 顶面矩形

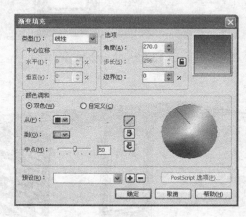

图 13-30 "渐变填充"对话框

03 分别将"包装正面"、"包装侧面"图形进行群组，效果如图 **13-31** 所示。

图 13-31 茶包装展开图

制作茶包装立体效果的步骤如下。

01 选择"包装正面"图形，执行"效果"→"添加透视"命令，如图 **13-32** 所示。分别拖曳 4 个控制点，改变图形的透视效果，如图 **13-33** 所示。

02 按照与步骤**01**相同的方法，分别为"包装侧面"和"包装顶面"添加透视效果，如图 **13-34** 所示。

03 使用圈选，将包装的 3 个面全部选中，按【Ctrl+G】组合键对图形进行群组，选择

"交互式阴影"工具  ，为图形添加阴影，效果如图 **13-35** 所示。

图 **13-32** 执行添加透视命令

图 **13-33** 包装正面透视效果

图 **13-34** 包装透视立体效果

图 **13-35** 包装添加阴影效果

> 由于文本无法添加透视效果，因此侧面包装使用透视效果前，需要先将文字转化为曲线，然后按【Ctrl+G】组合键将侧面全部图形群组，再执行"效果"→"添加透视"命令。

13.3 洗衣粉包装设计

本例绘制一个洗衣粉包装袋效果，其效果如图 **13-36** 所示。包装以蓝色为主色调，洗衣粉品牌为"白净"，包装背景部分采用同心圆设计，品牌名称使用中英文置于包装正面呈横向排列，使其突出、醒目，达到宣传的效果。

13.3.1 项目分析

（1）通常洗衣粉包装都没有透明的地方，所以通常可以免印刷白色版。有一种薄膜材料本身就是乳白色的，而且亮泽好，这种称为"珠光膜"。用这种材料可以在印刷时节省一条印刷版材，但也存在一些缺点，这些可以根据客户需要进行选择印刷材料。在凹版印刷中，印刷时是存在着白色的，不像纸质类，最常见的就是白色纸质。

图 13-36　洗衣粉包装设计

（2）包装外形采用了袋装设计，是属于正反面形式，通常称为"双边袋"。印刷颜色分为 4 种：黑、青、红和黄，材料的认识和印刷制作对于设计来讲也是非常重要的。

（3）本项目主要涉及"椭圆"工具、"形状"工具、"文本"工具、"交互式阴影"工具、"交互式轮廓图"工具、"交互式透明"工具、"镜像复制"、"填充"和"轮廓笔"工具的使用。

13.3.2　项目实施

制作包装背景效果的步骤如下。

01　新建文件"洗衣粉包装.cdr"，按【Ctrl+N】组合键新建一个 A4 页面。单击属性栏中的"横向"按钮，页面显示为横向页面。选择"矩形"工具，在页面绘制一个矩形，在属性栏的"对象大小"选项中设置矩形的长和宽分别为 140mm 和 188mm。

02　选择"渐变填充"工具，弹出"渐变填充"对话框，在"类型"选项中选择线性，单选"双色"单选框，"从"选项颜色 CMYK 值设置为 40、0、0、0，"到"选项颜色 CMYK 值设置为 0、0、0、0，效果如图 13-37 所示，单击 确定 按钮，图形被填充，用鼠标右键单击调色板中的蓝色块，为图形添加蓝色轮廓线，效果如图 13-38 所示。

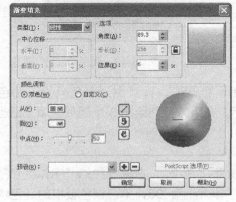

图 13-37　"渐变填充"对话框

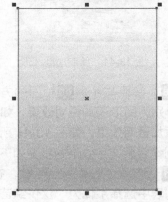

图 13-38　包装背景填充效果

03 选择"椭圆"工具 ○，按住【Ctrl】键，在页面绘制一个正圆，单击调色板中的青色块■，为圆形填充青色，用鼠标右键单击调色板中的⊠按钮，去除图形轮廓线，效果如图 13-39 所示。

04 选择"交互式轮廓图"工具▣，将光标放在圆形上，向外拖曳鼠标，为图形添加轮廓效果。在"轮廓图步长"中设置数值为 5，在"轮廓图偏移"中设置数值为 7.3，单击属性栏中的逆时针的轮廓图颜色按钮▣，设置填充色为青色，效果如图 13-40 所示。

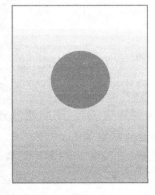

图 13-39　交互式轮廓图设置

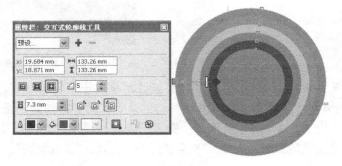

图 13-40　圆形添加轮廓效果

05 选择"椭圆"工具 ○，按住【Ctrl】键，在页面绘制一个正圆，设置图形颜色为青色，去除图形轮廓线，如图 13-41 所示。选择"交互式透明"工具 ▽，在属性栏中的"透明度类型"选项下拉列表中选择"标准"，效果如图 13-42 所示。

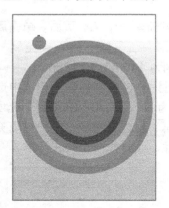

图 13-41　绘制小圆图形

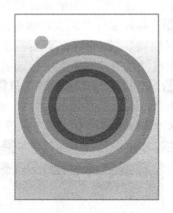

图 13-42　圆形添加透明效果

06 按照与步骤**05**相同的方法，分别绘制两个圆形，设置图形颜色分别为白色和绿色，分别为图形添加透明效果，如图 13-43 所示。在下方分别绘制 3 个圆形，填充适当的颜色并添加透明效果，如图 13-44 所示。

制作包装文字效果的步骤如下。

01 选择"文本"工具 字，在页面中输入文字"白净"，在属性栏的"字体列表"选项下拉列表中选择字体为"汉仪综艺体简"，设置字体大小为 98，单击调色板中的红色块■，为文字填充红色，效果如图 13-45 所示。

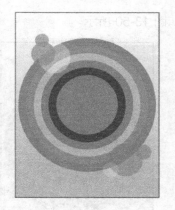

图 13-43　上方透明图形　　　　　　　　　　　　　图 13-44　下方透明图形

02　再次单击文字，使其处于旋转状态，向上拖曳文字右侧中间的控制手柄，制作文字的倾斜效果，如图 **13-46** 所示。

图 13-45　输入文字　　　　　　　　　　　　　图 13-46　文字倾斜

03　按【Ctrl+Q】组合键，将文字转换为曲线，选择"形状"工具，调整"净"字的节点，效果如图 **13-47** 所示。

04　选中文字，按【F12】键，弹出"轮廓笔"对话框，设置颜色为白色，宽度设置为 4.0mm，勾选"后台填充"复选框，如图 **13-48** 所示，轮廓线效果如图 **13-49** 所示。

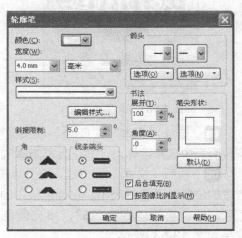

图 13-47　文字变形效果　　　　　　　　　　　图 13-48　"轮廓笔"对话框

05　按键盘上的【+】键，复制一个文字图形，填充文字和轮廓均为黑色，按【Ctrl+PageDown】组合键，将其置后一位，调整文字图形的位置，呈现出文字的阴影效果，如图 13-50 所示。

图 13-49　文字轮廓效果

图 13-50　文字阴影效果

06　按照步骤 **01**～**05** 相同的方法，制作文字的拼音效果，为拼音文字填充蓝色，效果如图 13-51 所示。

07　选择"文本"工具 **字**，在页面中输入文字"加酶加香洗衣粉"，在属性栏的"字体列表"选项下拉列表中选择字体为"方正大黑简体"，设置字体大小，单击调色板中的蓝色块 **■**，为文字填充蓝色，按上述方法制作文字倾斜和阴影效果，如图 13-52 所示。

图 13-51　文字拼音效果

图 13-52　文字效果

08　选择"文本"工具 **字**，在页面中输入文字"A"，在属性栏中的"字体列表"选项下拉列表中选择字体为"方正大黑简体"，填充文字为蓝色，轮廓为白色。

09　执行"文本"→"插入符号字符"命令，在对话框中选择"+"号，拖曳到页面中合适的位置并调整其大小，在调色板中的红色块 **■** 上单击，填充图形为红色，为图形添加白色轮廓线，再输入数字"5"，填充蓝色，白色轮廓线。将文字群组后置于包装左下角，效果如图 13-53 所示。

10　选择"文本"工具 **字**，在右下角输入文字"净含量：650 克"。在属性栏中的"字体列表"选项下拉列表中选择字体为"方正大黑简体"。选取文字"650"，填充文字为白色，轮廓为黑色。将文字设置为倾斜效果，如图 13-54 所示。

图 13-53 左下角文字效果

图 13-54 右下角文字效果

制作包装立体效果的步骤如下。

01 选择"矩形"工具□，在页面绘制一个矩形，在属性栏中设置该矩形上下左右 4 个角的边角圆滑度为 100，用鼠标右键单击调色板中的蓝色块■，设置图形轮廓线为蓝色，如图 13-55 所示。将此矩形和渐变色矩形同时选取，单击属性栏中的移除前面对象按钮▢，将两个图形修剪为一个图形，如图 13-56 所示。

图 13-55 圆角矩形效果

图 13-56 图形修剪效果

02 选择"贝塞尔"工具▚，在包装上部绘制一个不规则图形，在调色板中的 60%黑色块■上单击，填充图形，去除轮廓线，如图 13-57 所示。选择"交互式透明"工具♈，在属性栏中的"透明度类型"选项下拉列表中选择标准，开始透明度数值设置为 87，效果如图 13-58 所示。

图 13-57 上部图形

图 13-58 图形透明效果

03 使用与步骤 **02** 相同的方法，制作包装左右下四边图形，效果如图 **13-59** 所示。

04 选取渐变色矩形，选择"交互式阴影"工具 ，在图形中部由左上方至右下方拖曳光标，为图形添加阴影效果，在属性栏中设置数值为 38，阴影羽化设置数值为 8，效果如图 **13-60** 所示。

图 **13-59** 四边图形效果

图 **13-60** 图形阴影效果

05 将图形全部选取后群组，复制一个群组图形。拖曳图形到适当的位置并旋转图形，保存文件。

13.4 项目总结

1．确定被包装产品的性能

被包装产品的性能，主要包括产品的物态、外形、强度、重量、结构、价值和危险性等，这是进行包装设计时首先应考虑的问题。

（1）产品物态。主要有固态、液态、气态和混合等，不同的物态，其包装容器也不同。

（2）产品外形。主要有方形、圆柱形、多角形和异形等，其包装要根据产品外形特点进行包装设计，要求包装体积小、固定良好、存放稳定、且符合标准化要求。

（3）产品强度。对于强度低、易受损伤的产品，要充分考虑包装的防护性能，在包装外面应有明显的标记。

（4）产品重量。对于重量大的产品，要特别注意包装的强度，确保在流通中不受损坏。

（5）产品结构。不同产品，往往结构不同，有的不耐压，有的怕冲击等。只有对产品结构充分地了解，才能对不同产品进行合适的包装。

（6）产品价值。不同产品，价值差异很大，对价值高者应重点考虑。

（7）产品危险性。对易燃、易爆和有毒等具有危险性产品，要确保安全，在包装外面应有注意事项和特定标记。

2．确定包装方式

包装方式的选择对产品保护甚为重要，只有对产品性能及流通条件进行全面了解，制订几种方案，进行经济评估，才能找到合适的包装方式。

（1）选择包装材料。根据产品性能选择与之相适应的包装材料来制作包装容器，同时选择合适的附属包装材料来包装产品。

（2）选择包装方法。根据对产品保护强度的要求，使用方便，便于机械装卸和运输等来选择适当的包装工艺和包装方法。

3.设计制作要领

包装设计的立体造型与各展示面的平处理，必须与功能、材料相结合。形式首先应适应内容物保护性，使用性的要求，同时还注意形式变化与所选用材料的理化性质相结合。应当防止在设计中自觉地陷入到盲目的形式游戏中去，为形式而形式。不恰当地运用形式，反而会削弱形式的力量，甚至产生相反的作用。

通过本章节的学习，读者应掌握包装的设计方法和制作技巧。

制作如下包装：设计食品包装的平面展开图及立体效果。

01 在设计包装盒的平面展开图之前，首先要根据平面展开图的形态设置页面大小并添加辅助线，然后根据添加的辅助线依次绘制出主体图形。

02 灵活运用各种工具，绘制底图图案，全部选择后进行群组，然后用将图形置于容器中的方法以，将其分别置于各面图形中。

03 依次设计标志图形并添加相关的文字说明，即可完成包装盒的平面图展开图。

04 运用"添加透视"命令，对包装的正面、侧面和顶面进行透视调整。

项 14 目

VI 设计

14.1 VI 设计简介

1．企业形象识别系统 CIS

企业形象识别系统简称为 CIS，分为理念识别（MI）、行为识别（BI）和视觉识别（VI）3 个部分。

企业理念识别（Mind Identity，MI）：一般包括企业的经营信条、企业精神、座右铭、企业风格、经营战略策略、广告及员工的价值观等。

企业行为识别（Behavior Identity，BI）：是企业实践经营理念与创造企业文化的准则，对企业运作方式所作的统一规划而形成的动态识别系统。

企业视觉识别（Visual Identity，VI）：企业理念、企业文化、服务内容和企业规范等抽象概念转换为具体记忆和可识别的形象符号，从而塑造出排他性的企业形象。企业可以通过 VI 设计实现对内征得员工的认同感、归属感，加强企业凝聚力，对外树立企业的整体形象和资源整合，有控制地将企业信息传达给受众，通过视觉符号，不断地强化受众的意识，从而获得认同。

CIS 设计的 4 大目的如下。

● 提高企业的知名度。

● 塑造鲜明、良好的企业形象。

● 培养员工的集体精神，强化企业的存在价值、增进内部团结和凝聚力。

● 达到使社会公众明确企业的主体个性和同一性的目的。

2．视觉识别系统 VIS

视觉识别系统 VIS 属于 CIS 中的 VI 部分，是 CIS 系统中最具传播力和感染力的部分。设计到位、实施科学的 VIS，是传播企业经营理念、建立企业知名度和塑造企业形象的快捷途径。

视觉识别 VI 是以企业标志、标准字体、标准色彩为核心展开的，完整、体系的视觉传达体系，是将企业理念、文化特质、服务内容和企业规范等抽象语意转换为具体符号的概念，塑造出独特的企业形象。

一个优秀的 VI 设计对一个企业的作用应体现于以下几个方面。

（1）明显地将该企业与其他企业区分开来的同时，又确立该企业明显的行业特征或其他重要特征，确保该企业在经济活动中的独立性和不可替代性；明确该企业的市场定位，属企业无形资产的一个重要组成部分。

（2）传达该企业的经营理念和企业文化，以形象的视觉形式宣传企业。

（3）以自己特有的视觉符号系统吸引公众的注意力并产生记忆，使消费者对该企业所提供的产品或服务产生最高的品牌忠诚度。

（4）提高该企业员工对企业的认同感，提高企业职工的士气。

3．VI 设计的基本原则

VI 设计一般包括基础部分和应用部分两大内容，其设计的基本原则如下。

● 风格的统一性原则：VI 系统中的所有组成部分风格必须统一，例如企业的名称、标牌旗帜、办公用品和公关用品等必须采用统一的设计风格。

● 强化视觉冲击的原则：视觉冲击力强，让人过目难忘，立刻记住并理解企业的经营理念。

● 强调人性化的原则。

● 增强民族个性与尊重民族风俗的原则。

● 可实施性原则：VI 设计不是设计师的异想天开，而是要求具有较强的可实施性。如果在实施性上过于麻烦，或因成本昂贵而影响实施，再优秀的 VI 设计也会由于难以落实而成为空中楼阁、纸上谈兵。

● 符合审美规律的原则。

● 严格管理的原则：VI 设计系统千头万绪，因此，在积年累月的实施过程中，要充分控制各实施部门或人员的随意性，严格按照 VI 设计手册的规定执行，保证不走样。

4．VI 设计的内容

VI 设计包括基础要素系统和应用要素系统两方面，图 14-1 所示是 VI 系统的企业树。

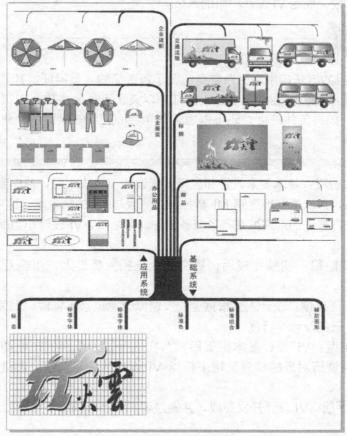

图 14-1　VI 系统的企业树

（1）基本要素系统。

VI 设计的基本要素系统严格规定了标志图形标识、中英文字体、标准色彩、企业象征图案及其组合形式，从根本上规范了企业的视觉基本要素，基本要素系统是企业形象的核心部分。企业基本要素系统主要包括企业名称、企业标志、企业标准字、标准色彩、象征图案、组合应用和企业标语口号等。

（2）应用要素系统。

应用要素系统设计即是对基本要素系统在各种媒体上的应用所做出具体而明确的规定。主要包括办公事务用品（信封、信纸、名片、请柬、档案袋和文件夹等）、企业外部建筑环境（公共标识牌、路标指示牌和橱窗等）、企业内部建筑环境（各部门标识牌、旗帜、广告牌和陈列展示等）、交通工具（大巴士、货车等）、服装服饰（管理人员制服、员工制服、文化衫、工作帽和胸卡等）和产品包装等。

5．VI 设计的流程

优秀的 VI 设计固然能帮助提升企业的形象、促进企业的发展，而失败的 VI 设计则可能会为企业形象带来负面的影响，从而妨碍企业的发展。所以，制定合理的 VI 设计流程可以提高设计的成功率。VI 设计通常分为几个基本流程进行实施。

（1）准备阶段：成立 VI 设计小组，理解消化 MI，确定贯穿 VI 设计的基本形式，搜集相关资讯，以利比较，确定 VI 设计小组的人员。

VI 设计小组的组长应由对企业自身情况了解透彻的人员担任，其具备更强的宏观把握能力；其他成员主要应由专业人士担任，以美工人员为主体，以销售人员、市场调研人员为辅。如果条件许可，还可以邀请美学、心理学等学科的专业人士参与部分设计工作。

（2）设计开发阶段：基本要素设计和应用要素设计小组成立后，首先要充分地理解、消化企业的经营理念，再次透彻地理解 MI 精神，并寻找与 VI 的结合点。这项工作需要 VI 设计人员与企业间进行充分的沟通。在各项准备工作就绪之后，VI 设计小组即可进入具体的设计阶段。

（3）反馈修正阶段：初稿完成后，提交给企业相关负责人，由企业反馈相应的修改意见。

（4）调研与修正反馈：设计人员根据企业反馈修改意见修正稿件，相关人员根据设计意图再次进行调查，研究设计可行度。

（5）修正并定型：VI 设计基本定型后，两次进行较大范围的市场调研，以便通过一定数量、不同层次调研对象的信息反馈来检验 VI 设计的应用范围，并进行细节处理和最终调整。

（6）编制 VI 手册：VI 设计开发完成，并通过客户和市场的初步检验后，编制 VI 设计手册并交付企业。

14.2　酒店 VI 设计

14.2.1　项目分析

本例是为"天空之城"酒店设计视觉形象识别系统，如图 14-2 所示。设计难点在于标志的设计，标志要体现出酒店的经营理念、企业文化和发展方向。酒店标志主要由"天空之城"的英文名称"Air City"的首字母"A"和"C"组成。由金黄色的字母"A"形变而成的酒店形象；在字母"C"形变而成的绿色藤蔓盘绕和底部飘云，像月亮，感觉酒店像在天空中，又像在大树下，体现了"天空之城"酒店的舒适、安逸及与众不同，也体现了酒店"卓越的绿色企业"的理念，同时也体现出酒店"持续领跑，敢为天下先"的追求。标志主要以各种柔和的绿色和金黄色为主，绿色取之于植物的颜色，清新自然，环保舒适，而金黄色给人以尊贵、自信的感觉。

图 14-2　"天空之城"酒店 VIS

14.2.2　项目实施

基础要素系统设计如下。

1．标志（Logo）设计

01 启动 CorelDRAW，新建一个 A4 页面。单击工具箱中的"艺术笔"工具，在"艺术笔"工具属性栏的"笔触列表"中选择图 14-3 所示的笔触。

图 14-3　"艺术笔"工具属性栏

利用"艺术笔"工具在页面绘制出"C"形，如图 14-4 所示。按【Ctrl+K】组合键打散艺术笔群组，删除艺术笔轮廓线，选择"排列"→"取消全部群组"命令（或用鼠标右键单击艺术笔，选择"取消全部群组"命令），如图 14-5 所示。在"对象管理器"泊坞窗中选择图 14-6 所示的对象群组，按【Delete】键删除，保留最后一个形状。选择该形状，单击工具箱中的"交互式透明"工具 🕀，单击属性栏中的"清除透明度" 🔘，如图 14-7 所示。

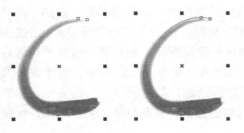

图 14-4　绘制 C　　　图 14-5　打散艺术笔　　　图 14-6　对象管理器　　　图 14-7　清除透明度

为"C"字填充颜色为（C:60，M:0，Y:100，K:0），并利用"形状"工具 🔧 调整形状，如图 14-8 所示。

图 14-8　调整"C"字的形状

02　按小键盘的【+】键，复制两个，先将其中一个移至旁边备用，将另一个调整好位置，填充颜色为（C:10，M:0，Y:30，K:0），并用"形状"工具 🔧 调整好形状，利用"橡皮擦"工具 🖊，在图 14-9 所示的属性栏中设置好橡皮擦的形状和大小，擦除另一个形状上面的图形，最终形状和位置如图 14-10 所示，框选这两个对象，单击鼠标右键，在弹出的快捷菜单中选择"锁定对象"命令。

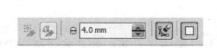

图 14-9　"橡皮擦"工具属性栏　　　　　　　图 14-10　调整复制后的"C"字形状

03　将复制在旁边备份的形状拖至图 14-10 所示的位置上面，填充颜色为（C:35，M:5，Y:85，K:0），利用"形状"工具 🔧 和"橡皮擦"工具 🖊 调整形状，如图 14-11 所示。

04　选择锁定的对象，单击鼠标右键，选择"解除锁定对象"命令，再选择填充颜色为

（C:10，M:0，Y:30，K:0）的形状，按【Ctrl+PageUp】组合键，移至图层前面，最终形状和位置如图 14-12 所示。

05 利用 "贝塞尔" 工具 ，在图 14-13 所示位置绘制叶子形状。

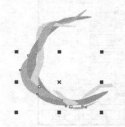

图 14-11 调整 "C" 形状 1　　　图 14-12 调整 "C" 形状 2　　　图 14-13 绘制叶子

06 选择工具箱中的 "艺术笔" 工具 ，在属性栏的 "笔触列表" 中选择图 14-14 所示的艺术笔形状，填充色为（C:55，M:0，Y:45，K:0），绘制形状如图 14-15 所示。

图 14-14 设置艺术笔触　　　　　　　图 14-15 绘制形状

07 利用 "挑选" 工具 ，调整形状的位置如图 14-16 所示。

08 单击工具箱中的 "文本" 工具 ，字体为 Arial，设置合适大小的字体，输入 "A" 字，选择 "排列" → "转换为曲线" 命令（或按【Ctrl+Q】组合键），利用 "形状" 工具 调整形状，如图 14-17 所示。

09 单击工具箱中的 "智能填充" 工具 ，在 "A" 字母上面白色区域单击，再单击右侧调色板中的 "红色"，如图 14-18 所示。

图 14-16 调整位置　　　图 14-17 调整 A 形状　　　图 14-18 智能填充

10 利用 "贝塞尔" 工具 绘制图 14-19 所示的形状，单击工具箱中的 "均匀填充" ，在图 14-20 所示的对话框中选择 "酒绿色"，并取消轮廓色。并将该图形移至前面绘制图形的适当位置并下移一层，如图 14-21 所示。

11 单击工具箱中的 "文本" 工具 ，字体为叶根友毛笔行书简体，设置合适大小的字体，字体颜色为（C:20，M:30，Y:100，K:20），在标志的适当位置输入 "天空之城"。再利用 "文本" 工具 输入 "Air City"，最终效果如图 14-22 所示。

12 选择 "文件" → "保存" 命令，保存为 "标志.cdr"。

图 14-19　绘制形状

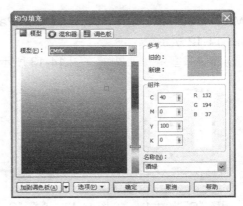

图 14-20　"均匀填充"对话框

图 14-21　调整位置

图 14-22　标志效果

2．模板制作

模板制作是 VI 设计基础部分中的一项重要内容，由于 VI 设计包括基础要素系统和应用要素系统两大内容，因此需要设计基础要素系统模板和应用要素系统模板，模板要具有实用性，能将 VI 设计的基础部分和应用部分快速地进行分类总结。

（1）基础要素系统模板制作。

1）基础要素系统的首页制作。

基础要素系统的首页最终效果如图 14-23 所示。

图 14-23　基础要素系统首页

01　启动 CorelDRAW，用鼠标右键单击 "文档导航器" 中的 "页 1"，在弹出的快捷菜单中选择 "重命名页面" 命令，输入 "模板首页"。单击属性栏中的 "横向" 按钮🔲，并单击属性栏中的 "对所有页面应用页面布局" 按钮🔲。双击 "矩形" 工具🔲，绘制一个与页面大小相等的矩形。单击右侧调色板上的 "白色" 为矩形填充白色，并设置轮廓色为黑色。选定矩形，单击鼠标右键，在弹出的快捷菜单中选择 "锁定对象" 命令。

02　单击工具箱中的 "矩形" 工具🔲，绘制一个填充色为（C:60，M:10，Y:100，K:20）的矩形，再绘制一个椭圆，两个形状的位置如图 14-24 所示。

03　框选这两个形状，单击属性栏中的 "修剪" 按钮🔲，选定椭圆，按【Delete】键删除，用鼠标右键单击调色板中的⊠，去除轮廓色，如图 14-25 所示。

图 14-24　修剪前

图 14-25　修剪后

04　将前面绘制的标志复制到本页面中，按【Ctrl+G】组合键群组标志中的所有对象，拖至图 14-25 所示形状的左侧，按住【Shift】键等比例缩小标志，如图 14-26 所示。

图 14-26　调整标志

05　打开 "图案素材.cdr"，将所需图案复制到当前页面，单击工具箱中的 "交互式透明" 工具🔲，设置透明效果如图 14-27 所示。

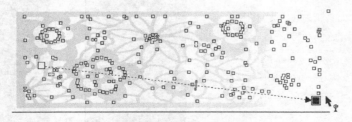

图 14-27　设置图案透明度

06　利用 "挑选" 工具🔲选定图案，用鼠标右键拖动图案至矩形框后，松开鼠标右键，在弹出的快捷菜单中选择 "图框精确剪裁内部" 命令，将图案置于矩形框内。用鼠标右键单击矩形框，在弹出的快捷菜单中选择 "编辑内容" 命令，可以调整图案的位置和大小，如图 14-28 所示。

图 14-28 图框精确剪裁

07 单击工具箱中的"文本"工具❑，字体为"叶根友毛笔行书简体"，字号适当，字体颜色为（C:10，M: 0，Y:30，K:0），在页面上单击输入"A"字符，利用"形状"工具❑调整形状如图 14-29 左图所示。再利用"钢笔"工具❑绘制出阴影形状，颜色为（C:28，M: 0，Y:25，K:0），如图 14-29 右图所示，并调整在页面中的位置。

图 14-29 "A"模板形状

08 利用"文本"工具❑输入"天空之城"、"酒店形象 VI 识别手册"、"【基础要素系统】"，字体为"楷体_GB2312"，字体颜色为（C:20，M:30，Y:100，K:20）。最终效果如图 14-23 所示。

09 选择"文件"→"保存"命令，保存为"基础要素系统模板.cdr"。

2）基础要素系统的模板 A 制作。

基础要素系统模板 A 主要是由"矩形"工具绘制一些矩形，利用"文本"工具输入文本，并旋转文本的方向，效果如图 14-30 所示。文字内容如图 14-31 所示。

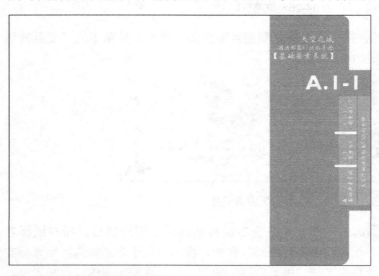

图 14-30 基础要素系统模板 A   图 14-31 文字内容

操作步骤

01 打开"基础要素系统模板**.cdr**"文件，单击"文档导航器"的"添加新页面"按钮
，新增一个页面"页 2"，重命名为"模板"。双击"矩形"工具，绘制一个与页面大小
相等的矩形，填充白色，并设置轮廓色为黑色，用鼠标右键单击该矩形，选择"锁定对
象"命令，锁定矩形。

02 单击工具箱的"矩形"工具，绘制一个与页面高度相同，大小如图 14-30 所示
的绿色矩形，按空格键切换到"挑选"工具，选定刚绘制的矩形，单击属性栏中的"全部
圆角"按钮，取消全部圆角功能，在"矩形边角圆滑度"中输入右上角和右下角的圆滑度
为 25，为矩形填充颜色为（C:60，M:10，Y:100，K:20）。

03 利用"矩形"工具绘制其他矩形，填充色为（C:60，M:10，Y:100，K:20）、
（C:20，M:30，Y:100，K:20），如图 14-30 所示。

04 利用"文本"工具输入图 14-31 所示的内容，设置文字字体颜色为（C:10，
M:0，Y:30，K:0）。垂直文本的输入，只需要先单击输入正常的美术字，利用"挑选"工具
两次单击文本，使文本处于旋转状态，在属性栏的"旋转角度"文本框中输入
90 即可。

（2）应用要素系统模板制作。

1）应用要素系统的首页制作。

应用要素系统的首页制作方法同基础要素系统首页的制作方法，将图案颜色修改为
（C:20，M:30，Y:100，K:20），最终效果如图 14-32 所示。

图 14-32 应用要素系统首页

2）基础要素系统的模板 B 制作。

应用要素系统模板 B 的制作方法同基础要素系统模板 A 的制作方法，模板 B 的效果如
图 14-33 所示。文字内容如图 14-34 所示。

3．基础要素系统——标志制图

企业标志是企业的核心要素，在 VI 中，企业的标志根据需要会有一定变化，标志的

使用范围非常广泛，大至几十米的户外广告，小至几厘米的名片，甚至还有更小的应用，设计师必须考虑标志的适应性和组合规范，确保标志在不同应用范围中的准确性和一贯性。

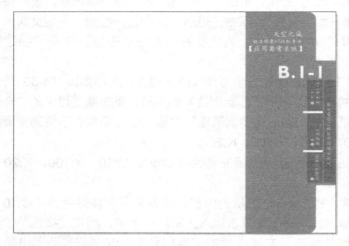

图 14-33　应用要素系统模板 B　　　　　图 14-34　文字内容

而标准标志就是一切变化的基础，是 VI 核心的核心。如何让企业在应用标志时能精确的复制，使用标志更加规范，即使在不同环境下使用，也不会发生变化，这就需要合理便捷的标准制图，让制作者有章可循，依图制作。有了标准制图，在制作和施工时，尽管对象、材料、时间、空间和人手不同，也能准确无误地制作出标志和标准字来，达到统一性、标准化的识别目的。

（1）标志制图的基本要求。

必须按照规范化的制图法正确标示该标志的作图方法和详细尺寸，并制作出大小规格不同的样本将标志图形、线条，规定成标准的尺度，便于正确的复制和再现。

（2）标志的制图方法。

- 标注尺寸法。
- 比例标注法。
- 方格标注法。
- 圆弧角度标注法。
- 坐标标注法。
- 特殊制图标注法。
- 标注图形的矫正。

在设计制作过程中，网格制图法是一种常用的方法。通过网格规范标志，通过标注使标志的相关信息更加准确，呈现了标志各部分的组成结构、比例关系，在企业进行相关应用时要严格按照标志制图的规范操作。

本例中的标志制图采用了方格制法图（方格标注法）。其设计思路是使用"图纸"工具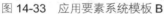或"表格"工具画出方形格子，再将标志配置其中，标注出宽度、高度、角和圆心等关系与位置。

01 打开"基础要素系统模板.cdr",另存为"基础要素系统.cdr",将第 1 页重命名为"基础要素系统首页",第 2 页重命名为"标志制图"。在"标志制图"页面中绘制图样网格。单击工具箱中的"表格"工具 █,在属性栏中的 █ ("表格中的行数和列数")中均设置 20,按住【Ctrl】键绘制出一个 20×20 的网格,设置网格颜色为灰色(可利用"文本"工具 字 标出网格数,也可以不标注)。

网格的大小、疏密可以根据实际需要设定。以能简洁、明确解释标志为目的,有时还可以添加辅助线。网格颜色为灰色,最好比标志颜色要浅,以区分标志的颜色,这样使标志看上去更直观、明了。因为企业标志标准制图一般是用灰度制作的。

02 打开"标志.cdr"文件,复制标志中的所有对象,粘贴到"标志制图"页面中。将标志的颜色改为灰色。标志在网格上一层。

03 利用"挑选"工具 █ 选定网格对象,以后方便计算标志的尺寸,调整网格的大小与标志等大,如图 14-35 所示。

要精确移动网格线必须重新设置标尺微调,选择"视图"→"设置"→"网格和标尺设置"命令,在弹出的"选项"对话框中可将标尺微调设为 0.1mm,利用光标键即可对网格进行精确微调。

04 选择左下角的一个单元格,填充比边框线深一点的灰色,如 80%黑。并利用"文本"工具 字 在单元格中输入"R",如图 14-36 所示。

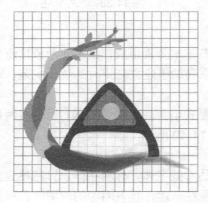

图 14-35 绘制网格

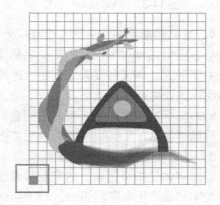

图 14-36 输入"R"

输入 "R" 代表一个单元格比例尺寸的数值单位，能使标志在实际运用中在数值范围内按比例缩放，比例尺寸也并不是固定的数值，在实际运用中，是按照实际尺寸变化而变化的，如 "1:10" 或 "1:100"。

05 在"手绘"工具组中选择"度量"工具，在属性栏中选择"水平度量"工具按钮，度量出一个单元格宽度为 6.36mm，即基本单位 R 为 "6.36mm"，再度量标志的其他尺寸，将量出的尺寸除以 6.36 则换算得到 nR，如图 14-37 所示，用 115.48/6.36=18.1R。

利用"挑选"工具选中所标的度量线条和标注，选择"排列"→"打散线性尺度"命令，将度量线条和文字转化为曲线。将度量线条转化为曲线，这样可以方便调整度量线条紧贴度量对象的边缘，调整度量线条和文字，确保尺寸的准确性，标志的标准化制图如图 14-38 所示。

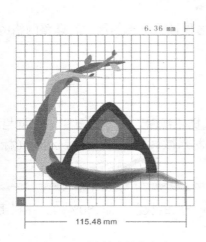

图 14-37　换算成单位长度

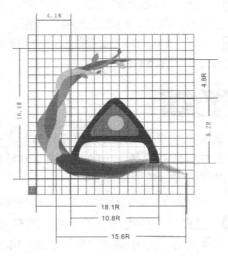

图 14-38　尺寸标注

4．基础要素系统——标志组合规范

标志组合由标志图形、中英文名称及企业标准色等基本要素组成，是企业形象广泛传播的最主要形式。保证各要素之间组合时的空间比例关系有助于建立应用时的统一规范，以避免出现视觉误导及形象混乱。

标志与标准字常规组合有左右组合、上下组合和竖式组合。本项目的 VI 组合有两种形式，利用"度量"工具进行标注后如图 14-39 和图 14-40 所示。

5．基础要素系统——标准字

标准字体是指经过设计的专用来表现企业名称或品牌的字体，标准字体设计包括企业名称标准字和品牌标准字的设计。标准字体常与标志联系在一起，具有明确的说明性，可直接将企业品牌传达给观众，与视觉、听觉同步传递信息，强化企业形象与品牌的诉求力，其设计的重要性等同于标志。

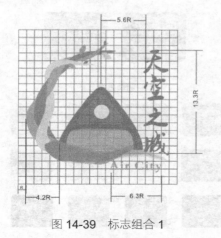

图 14-39　标志组合 1

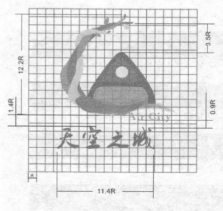

图 14-40　标志组合 2

经过精心设计的标准字体与普通印刷字体的差异性在于，除了外观造型不同外，更重要的是它根据企业或品牌的个性而设计，对策划的形态、粗细、字间的连接与配置，统一的造型等，都作了细致严谨的规划，比普通字体相比更美观，更具特色。

标准字体的设计可划分为书法标准字体、装饰标准字体和英文标准字体的设计。

而中文字体包含叶根友毛笔行书简体、微软雅黑粗体、黑体和楷体，在段落文本排版中，叶根友毛笔行书简体一般用做大标题字体，微软雅黑粗体用做段落标题字体，黑体或楷体用做正文字体。

本项目中的标准字规范、中文标准字、英文标准字分别如图 14-41～图 14-43 所示。

图 14-41　标准字规范　　　　图 14-42　中文标准字　　　图 14-43　英文标准字

6. 基础要素系统——标准色与辅助色

标准色指企业为塑造独特的企业形象而确定的某一特定的色彩或一组色彩系统。为适应不同场合的需要特选定数种颜色作为辅助色，使用时应与标准色配合使用以增强其表现力。本项目中为了规范标志在更多领域的应用，制定了以下的标准色与辅助色，如图 14-44 和图 14-45 所示。

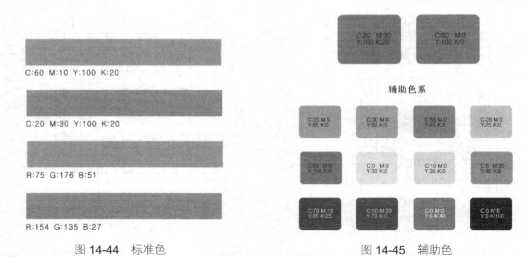

图 14-44 标准色　　　　　　　　　　图 14-45 辅助色

应用要素系统设计如下。

1. 纸杯

01 打开"应用要素系统模板.cdr"，另存为"应用要素系统.cdr"，将第 1 页重命名为"应用要素系统首页"，第 2 页重命名为"纸杯"。绘制杯口。使用"椭圆形"工具 ⊙，绘制一大一小两个椭圆，如图 14-46 所示。

02 打开"颜色"泊坞窗，在弹出的"颜色"泊坞窗中选择 HSB 模式，如图 14-47 所示。选择"交互式填充"工具 ◈，从左到右水平拖动鼠标，填充线性渐变；用鼠标单击起始颜色控制柄，在"颜色"泊坞窗中设置颜色为（H:43,S:11,B:83），单击"填充"按钮。同样方法设置结束颜色为（H:43,S:13,B:73），如图 14-48 所示。

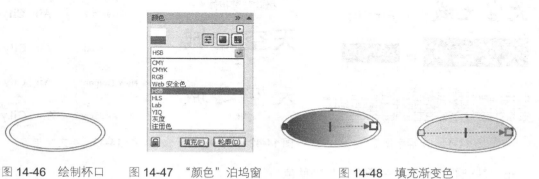

图 14-46 绘制杯口　　图 14-47 "颜色"泊坞窗　　　　图 14-48 填充渐变色

03 使用"交互式填充"工具 ◈ 在起始和结束渐变颜色控制线之间双击，添加两个颜色控制柄，颜色分别为（H:43, S:6,B:97）和（H:43, S:9,B:83），如图 14-49 所示。

04 选择外圆，使用"交互式填充"工具 ◈ 从左下至右上填充线性渐变，颜色分别为

（H:43, S:39,B:41）和（H:43,S:12,B:89），如图 **14-50** 所示。

05 选择"交互式调和"工具，在两个椭圆之间进行拖动，创建调和效果，如图 **14-51** 所示。去除轮廓色。在属性栏中单击"杂项调和选项"按钮，在下拉菜单中选择"拆分"拆分，当鼠标指针变成向下弯曲的箭头时，在调和对象中间处单击，如图 **14-52** 所示；拆分出一个对象成为新的中间控制对象，如图 **14-53** 所示。按【空格】键切换到"挑选"工具选择新对象，在"颜色"泊坞窗中设置颜色为（H:43,S:5,B:95），如图 **14-54** 所示。

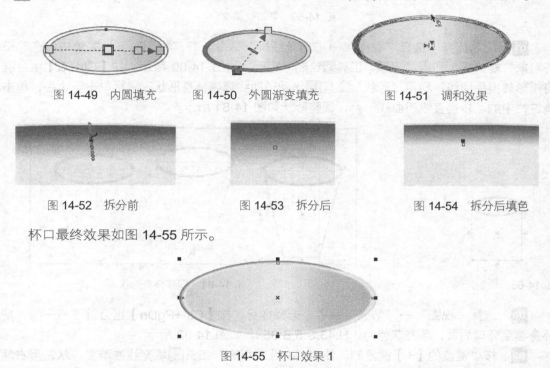

图 **14-49**　内圆填充　　图 **14-50**　外圆渐变填充　　图 **14-51**　调和效果

图 **14-52**　拆分前　　图 **14-53**　拆分后　　图 **14-54**　拆分后填色

杯口最终效果如图 **14-55** 所示。

图 **14-55**　杯口效果 1

06 向上滚动鼠标滚轮，放大杯口图形，利用"挑选"工具，按住【Ctrl】键不放单击拆分外侧部分，如图 **14-56** 所示，在属性栏中单击"对象和颜色加速"按钮，单击取消对象和颜色加速的锁定，向左拖动"颜色加速"滑块，使外侧调和对象变得更亮一些，如图 **14-57** 所示。同样方法选择内侧调和，把"颜色加速"滑块向右拖动，调和对象颜色变暗点，增强立体感，如图 **14-58** 所示。

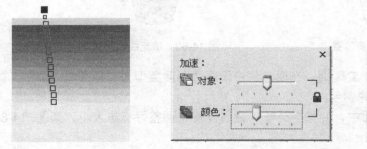
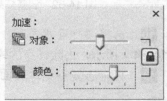

图 **14-56**　选择外侧调和对象　　图 **14-57**　调节外侧调和对象颜色　　图 **14-58**　调节内侧调和对象颜色

杯口最终效果如图 **14-59** 所示。

图 **14-59** 杯口效果 2

07 绘制杯身。选择"视图"→"简单线框"命令，在"视图"下拉菜单中勾选"贴齐对象"复选框，利用"矩形"工具⬜绘制一矩形，如图 **14-60** 所示。按【Ctrl+Q】组合键将矩形转换为曲线，利用"形状"工具🔧借助辅助线调整杯身形状。鼠标单击下边线，单击属性栏中的"转换直线为曲线"🔧，调整形状如图 **14-61** 所示。

图 **14-60** 绘制矩形

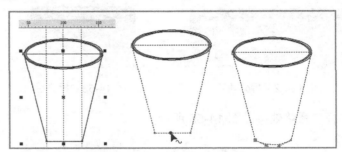

图 **14-61** 调整杯身形状

08 选择"视图"→"增强"命令，选择杯身，按【Ctrl+PgDn】组合键下移一层，把杯身移至杯口后面，填充颜色为（H:43,S:5,B:95），如图 **14-62** 所示

09 按小键盘的【+】键复制，使用"交互式填充"工具🔲填充线性渐变，从左至右颜色分别为（H:43,S:13,B:87）、（H:33,S:15,B:54）、（H:43,S:3,B:99），如图 **14-63** 所示。

图 **14-62** 调整杯身位置

图 **14-63** 填充线性渐变

10 选择"交互式透明"工具🔲，在属性栏中设置透明度类型为"标准"、"添加"如图 **14-64** 所示，去除杯身的轮廓色。

11 将标志复制到本页面中，并移至杯子的适当位置，调整好标志大小，如图 **14-65** 所示。

12 利用"贝塞尔"工具🖊绘制形状，如图 **14-66** 所示。打开"图案素材.cdr"，将建筑图片复制到本页面中，用鼠标右键拖动图片到该形状中，在弹出的快捷菜单中选择"图框精确剪裁内部"命令，将图片置于图形中，并调整好图片在图框中的位置和大小，最终效果如图 14-66 所示。

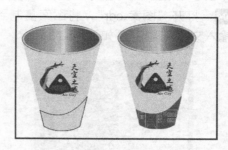

图 14-64　添加透明度　　　图 14-65　复制标志　　　　　图 14-66　图框精确剪裁

2. 菜谱

01 利用"矩形"工具□绘制一矩形，在属性栏中设置圆角，并填充颜色（C:20，M:30，Y:100，K:20），无轮廓色，如图 14-67 所示。选择"窗口"→"泊坞窗"→"变换"→"旋转"命令（或按【Alt+F8】组合键），打开"变换"泊坞窗，设置如图 14-68 所示，单击"应用到再制"按钮，如图 14-69 所示。

图 14-67　绘制矩形　　　　图 14-68　"变换"泊坞窗　　　　图 14-69　变换后的效果

02 绘制一个小矩形，如图 14-70 所示。填充 50%黑，无轮廓色，调整其在两个大矩形中间位置，利用"文本"工具字输入"天空之城"，"客服电话："，如图 14-71 所示。

图 14-70　绘制小矩形　　　　　　　　图 14-71　输入文字

03 利用"矩形"工具□绘制一矩形，按【Ctrl+Q】组合键转换成曲线，利用"形状"

工具 ,调整形状,并填充双色射线渐变,颜色从(C:10,M:0,Y:30,K: 0)到白色,轮廓色为(C: 0,M:50,Y:70,K:55),如图 **14-72** 所示。

04 打开"图案.cdr",将图案复制到过来并调整位置,同时将标志复制并调整好位置,输入文字"菜谱",如图 **14-73** 所示。

图 14-72　绘制形状

图 14-73　复制图案

05 打开"菜式.cdr"文件,将各菜式复制到当前页面中,利用"矩形"工具、"文本"工具、"图框精确剪裁"绘制图 **14-74** 所示的图形。

06 将上步图形按【Ctrl+G】组合键群组,复制一个图形并移至合适位置,两次单击图形,使之处于倾斜状态,将该图形倾斜至如图 **14-75** 所示。

图 14-74　菜单

图 14-75　倾斜菜单

07 将上步另一图形移至合适位置并倾斜,选择"交互式阴影"工具 ,从左往右拖动,设置阴影如图 **14-76** 所示。

图 14-76　设置阴影

3．绘制碗筷

利用"矩形"工具、"椭圆形"工具、"钢笔"工具和"填充"工具等绘制图 14-77 所示的碗筷、碟子和杯子。

图 14-77　绘制碗筷

4．绘制房卡

利用"矩形"工具、"文本"工具和"填充"工具绘制图 14-78 所示的房卡。

图 14-78　绘制房卡

5．绘制信封

利用"矩形"工具、"图框精确剪裁"和"文本"工具绘制图 14-79 所示的图形。

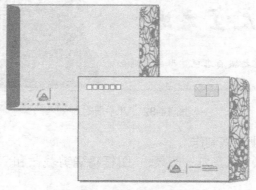

图 14-79　绘制信封

6．绘制指示牌

利用"矩形"工具、"交互式调和"工具、"文本"工具、"钢笔"工具和"度量"工具绘制图 14-80 所示的图形。

7．绘制礼品袋

利用"矩形"工具、"钢笔"工具、"图框精确剪裁"和"倾斜"等绘制图 14-81 所示的礼品袋。

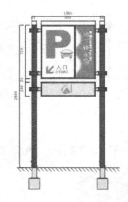

图 14-80　绘制指示牌　　　　　　　　　　图 14-81　绘制礼品袋

8．视觉形象识别手册封面制作

利用"矩形"工具、"钢笔"工具、"图框精确剪裁"和"文本"工具绘制手册封面，如图 14-82 所示。

图 14-82　VI 手册封面

9．视觉形象识别手册封底制作

利用"矩形"工具、"贝塞尔"工具、"图框精确剪裁"和"文本"工具绘制封底，如图 14-83 所示。

图 14-83 VI 手册封底

14.3 企业 VI 设计

本企业 VI 设计项目是为火云科技发展有限公司进行 VIS 视觉识别系统设计，分为基础要素系统和应用要素系统设计，设计的主要内容如下：

1．基础要素系统

（1）标志设计：如图 14-84 所示。

图 14-84 企业 VI 标志

（2）模板设计：如图 14-85 和图 14-86 所示。

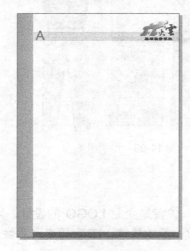

图 14-85 基础要素系统

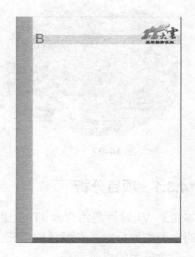

图 14-86 应用要素系统

2．应用系统

应用系统包括办公用品（如图 14-87 所示）、台历（如图 14-88 所示）、资料架（如图 14-89 所示）、资料盒（如图 14-90 所示）、钥匙挂件（如图 14-91 所示）、烟灰缸（如图 14-92 所示）和服装服饰（如图 14-93 所示）等的设计。

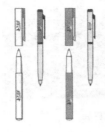

图 14-87　办公用品

图 14-88　台历

图 14-89　资料架　　　　图 14-90　资料盒

图 14-92　烟灰缸

图 14-91　钥匙挂件

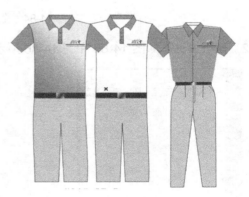

图 14-93　服装服饰

14.3.1　项目分析

本企业 VI 设计是为火云 IT 企业设计形象识别系统，关键是企业 LOGO 的设计，用 IT 字母的变形作为标志，在颜色的填充上体现了公司员工火一般的热情，IT 字母变形后像云，体现了企业技术的卓越领先。

14.3.2　项目实施

下面简单说明标志的制作。

01　选择"版面"→"页面背景"命令，设置页面背景颜色为（C:20，M:0，Y:20，K:0）。

02　利用"贝塞尔"工具 和"形状"工具 绘制"IT"形状，如图 14-94 所示。

03　选择"I"，填充双色线性渐变，如图 14-95 所示，颜色从（C:2，M:96，Y:76，K:0）到（C:4，M:5，Y:88，K:0）的双色线性渐变。

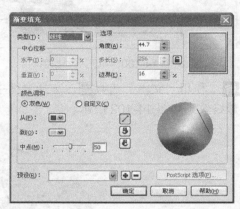

图 14-94　"IT"形状　　　　　　　　　　　　　图 14-95　为"I"进行渐变填充

04　选择"T"，填充颜色从（C:2，M:96，Y:76，K:0）到（C:4，M:5，Y:88，K:0）的双色线性渐变，设置如图 14-96 所示。"IT"的填充效果如图 14-97 所示。

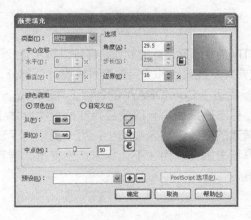

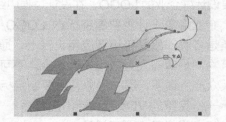

图 14-96　为"T"进行渐变填充　　　　　　　　　图 14-97　"IT"的填充效果

05　利用"贝塞尔"工具 和"形状"工具 绘制"I"上面的形状，并填充双色线性渐变，如图 14-98 所示。最终效果如图 14-99 所示。

图 14-98　绘制形状

图 14-99　"IT"最终效果

06　按【Ctrl+G】组合键群组上述对象。按小键盘上的【+】号复制两份"IT",一个填充白色,一个填充(C:100,M:91,Y:0,K:0),如图 14-100 所示。调整 3 个对象的位置如图 14-101 所示。

图 14-100　填充不同颜色

图 14-101　调整对象位置

07　利用"文本"工具，选择合适书法字体和大小输入"火云",并调整形状和位置。最终效果如图 14-102 所示。

图 14-102　标志效果

14.4　项目总结

　　本项目中通过天空之城酒店形象设计与火云 IT 企业形象设计的制作,详细讲解了企业形象设计的知识、设计方法。企业形象设计分为基础要素系统设计和应用要素系统设计两部分,重点要设计好企业的 LOGO,在设计过程中综合、灵活运了 CorelDRAW 的各种工具来完成。

　　企业形象设计主要围绕标志 LOGO 进行,标志确定后,一般会应用在两大类媒体上,一类是各类印刷品等小型应用设计上,通常用精致的墨稿去放大或缩小;另一类是为了适应建筑物、招牌等大型应用设计场合,不可能用墨稿去放大,为了不让标志产生变形,导致社会大众产生误解,影响形象,需要制定标准制图。

　　一份完整的 VI 项目设计书应包括:

　　(1)视觉基本要素设计。

　　(2)视觉应用要素设计的准备工作。

　　(3)具体应用设计项目的展开。

　　(4)编制 VI 视觉识别手册。

参 考 文 献

[1] 新知互动. CorelDRAW X4 从入门到精通[M]. 北京：中国铁道出版社，2010.

[2] 严磊,崔飞乐,李麟. CorelDRAW X4 图形设计与制作技能实训教程[M]. 北京：科学出版社，2010.

[3] 盛享王景文化,唐倩,尹小港. CorelDRAW X3 平面设计技能进化手册[M]. 北京：人民邮电出版社，2008.

[4] 王艳梅. CorelDRAW 平面设计应用教程[M]. 北京：人民邮电出版社，2009.

[5] 崔建成,周新. CorelDRAW X4 艺术设计案例教程[M]. 北京：清华大学出版社，2010.

[6] 数码创意. 中文版 CorelDRAW X4 宝典[M]. 北京：电子工业出版社，2010.

[7] 新知互动. CorelDRAW X4 完全征服手册[M]. 北京：中国铁道出版社，2009.

[8] 王海峰,李绍勇,刘晶. CorelDRAW X4 入门与提高[M]. 北京：清华大学出版社，2009.

[9] 王正相. Photoshop/CorelDRAW 商业平面设计与印前处理培训讲座实录[M]. 北京：人民邮电出版社，2009.

[10] GR Design. CorelDRAW X4 平面设计案例圣典[M]. 北京：中国铁道出版社，2010.

[11] 汪美玲. CorelDRAW 艺术效果 100 例[M]. 北京：中国铁道出版社，2007.

[12] 麓山文化. CorelDRAW X6 平面广告设计 228 例[M]. 北京：机械工业出版社，2012.

[13] 周建国. CorelDRAW 12 平面设计实例精粹[M]. 北京：人民邮电出版社，2006.

[14] 李莹,廖红霞. 中文 CorelDRAW 12 平面设计[M]. 北京：机械工业出版社，2006.

[15] 陈淑光,董雪莲. CorelDRAW 视觉广告理念与设计教程[M]. 北京：清华大学出版社，2007.

Photoshop CS5 图像处理案例教程

书号：ISBN　978-7-111-35477-2

作者：阚宝朋 等 定价：38.00 元（含 1DVD）

推荐简言：本书以培养职业能力为核心，以工作实践为主线，以项目为导向，采用案例式教学，基于现代职业教育课程的结构构建模块化教学内容，面向平面设计师岗位细化课程内容。在教学内容上采用模块化的编写思路，以商业案例应用项目贯穿各个知识模块。本书提供光盘，内含精美的多媒体教学系统，包括整套教学解决方案、教学视频、习题库、素材。

Flash CS5 动画制作案例教程

书号：ISBN　978-7-111-36824-3

作者：刘万辉 等 定价：35.00 元（含 1DVD）

推荐简言：本书以培养职业能力为核心，以工作实践为主线，以项目为导向，采用案例式教学，基于现代职业教育课程的结构构建模块化教学内容，面向平面设计师岗位细化课程内容。在教学内容上采用模块化的编写思路，以商业案例应用项目贯穿各个知识模块。本书提供光盘，内含精美的多媒体教学系统，包括整套教学解决方案、教学视频、习题库、素材。

数字影视后期合成项目教程

书号：ISBN　978-7-111-34474-2

作者：尹敬齐 定价：42.00 元（含 1CD）

推荐简言：本书获重庆市高等教育教学改革研究项目资助，是高职影视广告、计算机多媒体技术等专业项目化教学改革教材。本书以项目为导向，以人物驱动模式组织教学，注重提高学生动手能力及创新能力。书中案例由作者精心挑选和制作，并在光盘中附有案例素材即效果。

3ds max 三维动画制作实例教程

书号：ISBN　978-7-111-33484-2

作者：许朝侠 定价：28.00 元

推荐简言：本书是一本以实例为引导介绍 3ds max 三维动画制作应用的教程，采用实例教学，实例由作者精心挑选，并提供具有针对性的拓展训练上机实训项目。本书免费提供电子教案。

网站效果图设计

书号：ISBN 978-7-111- 37449-7

作者：刘心美 定价：45.00 元

推荐简言：本书全面介绍了网站效果图设计与制作流程，以网页的版式设计、色彩搭配、网页元素设计、内容组织为核心，讲解了网站页面效果图设计的全过程。本书采用部分全彩印刷，视觉效果好，并免费提供电子教案。

多媒体技术及应用

书号：ISBN　978-7-111-31420-2

作者：李强 定价：26.00 元

推荐简言：本书按照多媒体制作的主要环节和流程设计各章节内容，从介绍多媒体技术的概念和相关原理开始，详细讲解了多媒体技术中常用的不同元素，硬件种类、音视频处理方法，并通过讲解 Director 实现多种元素、媒体的集成和多媒体产品的制作。各章最后安排有习题与实训内容。本书免费提供电子教案。